东海

宝藏

Treasure of
East China Sea

东海
宝藏

李巍然◎主编

文稿编撰/王晓

中国海洋大学出版社
CHINA OCEAN UNIVERSITY PRESS

·青岛·

魅力中国海系列丛书

总主编　盖广生

编委会

主　任　盖广生　国家海洋局宣传教育中心主任

副主任　李巍然　中国海洋大学副校长

　　　　　苗振清　浙江海洋学院原院长

　　　　　杨立敏　中国海洋大学出版社社长

委　员（以姓名笔画为序）

丁剑玲　曲金良　朱　柏　刘宗寅　齐继光　纪玉洪

李　航　李夕聪　李学伦　李建筑　陆儒德　赵成国

徐永成　魏建功

总策划

李华军　中国海洋大学副校长

执行策划

杨立敏　李建筑　李夕聪　王积庆

魅力中国海
我们的
Charming China Seas
Our Ocean Dream

海洋梦

魅力中国海 我们的海洋梦

中国是一个海陆兼备的国家。

从天空俯瞰辽阔的陆疆和壮美的海域，展现在我们面前的中华国土犹如一个硕大无比的阶梯：这个巨大的"天阶"背靠亚洲大陆，面向太平洋；它从大海中浮出，由东向西，步步升高，直达云霄；高耸的蒙古高原和青藏高原如同张开的两只巨大臂膀，拥抱着华夏的北国、中原和江南；整个陆地国土面积约为960万平方千米。在大陆"天阶"的东部边缘，是我国主张管辖的300多万平方千米的辽阔海域；自北向南依次镶嵌着渤海、黄海、东海和南海四颗明珠；18000多千米的海岸线弯曲绵延，更有众多岛屿星罗棋布，点缀着这片蔚蓝的海域，这便是涌动着无限魅力、令人魂牵梦萦的中国海！

中国的海洋环境优美宜人。绵延的海岸线宛如一条蓝色丝带，由北向南依次跨越了温带、亚热带和热带。当北方的渤海还是银装素裹，万里雪飘，热带的南海却依然椰风海韵，春色无边。

中国的海洋资源丰富多样。各种海鲜丰富了人们的餐桌，石油、天然气等矿产为我们的生活提供了能源，更有那海洋空间等着我们走近与开发。

中国的海洋文明源远流长。从浪花里洋溢出的第一首吟唱海洋的诗歌，到先人面对海洋时的第一声追问；从扬帆远航上下求索的第一艘船只，到郑和下西洋海上丝绸之路的繁荣与辉煌，再到现代海洋科技诸多的伟大发明，自古至今，中华民族与海相伴，与海相依，创造了灿烂的海洋

文化和文明，为中国海增添了无穷的魅力。无论过去、现在和未来，这片海域始终是中华民族赖以生存和可持续发展的蓝色家园。

认识这片海，利用这片海，呵护这片海，这就是"魅力中国海系列丛书"的编写目的。

"魅力中国海系列丛书"分为"魅力渤海"、"魅力黄海"、"魅力东海"和"魅力南海"四大系列。每个系列包括"印象"、"宝藏"、"故事"三册，丛书共12册。其中，"印象"直观地描写中国四海，从地理风光到海洋景象再到人文景观，图文并茂的内容让你感受充满张力的中国海的美丽印象；"宝藏"挖掘出中国海的丰富资源，让你真正了解蓝色国土的价值所在；"故事"则深入海洋文化领域，以海之名，带你品味海洋历史人文的缤纷篇章。

"魅力中国海系列丛书"是一套书写中国海的"立体"图书，她注入了科学精神，更承载着人文情怀；她描绘了海洋美景的点点滴滴，更梳理着我国海洋事业的发展脉络；她饱含着作者与出版工作者的真诚与执著，更蕴涵着亿万中国人的蓝色梦想。浏览本丛书，读者朋友一定会有些许感动，更会有意想不到的收获！

愿"魅力中国海系列丛书"能在读者朋友心中激起阵阵涟漪，能使我们对祖国的蓝色国土有更深刻的认识、更炽热的爱！请相信，在你我的努力下，我们的蓝色梦想，民族振兴的中国梦，一定会早日成真！

限于篇幅和水平，书中难免存有缺憾，敬请读者朋友批评指正。

盖广生

2014年元月

Preface 前言

Treasure of East China Sea

万里澄空，滚滚东海，70多万平方千米尽显光华。东海北连黄海，东到琉球群岛，西接我国大陆，南面通过台湾海峡邻接南海。东海究竟蕴藏了哪些宝藏呢？《东海宝藏》与你分享。

东海生物琳琅。东海大陆架广阔，又有多种水团交汇，为多种鱼类提供良好的繁殖、索饵和越冬条件，是中国最主要的渔场之一。短尾信天翁在东海上翻飞起舞，黄唇鱼、棱皮龟、野生栉江珧、江豚也在东海的胸怀中顽强地生活着。东海生物万象，别忘了还有个东海"小世界"，那里有最独特的贝藻王国。

东海资源丰厚。东海具有良好油气远景的大陆架，是中国油气资源储备的战略要地。海面之上，风波涌起。东海的风能、波浪能、潮汐能等洁净能源蕴藏量非常大，波浪能几乎为渤海、黄海总和的2.3倍。东海的化学资源丰富，平均盐度比渤海、黄海都高。中国的海洋捕捞量的"超级大户"是东海，十四渔场与千万生物在中国的东方浩浩涌动。

东海古迹众多。东海的历史秘密锁在海底，这些秘密或藏在沉睡的东海海底的沉船中，或留在海上丝绸之路途经的港口，你可以"按船索骥"，在"碗礁一号"上找到"双龙"瓷器，在"小白礁一号"上找到"盛源合记"玉印。你也可以"按港索骥"，将镜头拉到商贾云集的东方名港，看它们如何开展国际商

贸，如何成为文明交流的窗口，如何成为中国海洋文明史的重要篇章。

当你读完《东海宝藏》，可能心里又会升起一份和悦的肃穆，东海是一部大书，它如此神奇，又如此慷慨，蕴藏着你无法彻底知晓的力量。

Contents目录

Treasure of East China Sea

东海宝藏

01

02

东海资源大观/079

03

东海
生物万象

01

　　东海拥有丰富的渔业资源，舟山渔场是中国最大的渔场，四季都有鱼汛，春有小黄鱼、鲐鱼、蓝点马鲛，夏有大黄鱼、乌贼，秋有海蟹、海蜇，冬有带鱼、海鳗。珍贵的短尾信天翁在海洋上空翻飞起舞，俊俏的中华白海豚在大海中游弋生姿，棱皮龟、栉江珧、江豚也在东海的怀抱中顽强地生活着。东海生物万象。那里有独特的"贝藻王国"，藻类或飘摇，或静止，交织出一幅五彩缤纷的海底森林和海底花房，贝类则尽享天华和海趣。默默地，即为"东海之子"。

东海百宝箱

　　蓝天下碧波万顷，东海百宝在海洋中生存繁衍。这里兜着东海植物繁华灿灿，这里装着东海动物熙熙攘攘，这里守护着东海珍品名贵稀有。在这片深蓝中，无论是海洋微藻，还是海洋大型藻类，凡有阳光便执著生长；无论是鱼类家族，还是盔甲卫队，抑或是东海宝"贝"，因为东海温柔供给便与世无争。它们安守在东海百宝箱中，静享东海的福泽。

植物王国

　　海洋藻类在东海的舞台上跃跃欲试，呈面于前。海洋微藻种类繁多，它们不仅是地球上重要的初级生产者，还能入药入食，做健康的保卫者。礁膜和蜈蚣藻是东海海滨常见的大型海藻。

海洋微藻

　　微藻个体非常微小，具有我们用肉眼看不清的形态结构，也不像我们经常看到的植物一样有根茎叶的分化。但微藻的种类和数量是如此之多，凡是有日光、有水的地方（湖泊、河流、湿地、沼泽、池塘和海洋等）都有它们的踪迹。海洋微藻是海洋生态系统中的初级生产者，是海洋生物资源的重要组成部分，具有种类多、数量大、繁殖快的特点，是海洋生态系统物质循环和能量流动中不可或缺的一环。它们的盛衰甚至关乎整个海洋生态系统的平衡。

● 实验室中培养的微藻

● 小球藻

　　在澳大利亚具有几十亿年历史的沉积岩中，藻类化石沉默不语。绿藻，和红藻、硅藻等一样也是大到鲸鱼、小到虾类等海洋动物的食物。小球藻就是绿藻门中最常见的几种藻类之

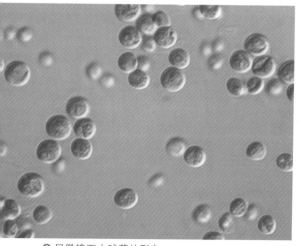

 显微镜下小球藻的形态 　　⬆ 小球藻加工制品

一。在热带、温带淡水和海水中都可以发现它们微小的身影。在东海温暖的海水中，大量的小球藻在兴旺地生长繁殖着。

　　地球上有存在上十亿年的生物？很难找到，而小球藻，这种直径仅有3~8微米的球形单细胞藻，出现在地球上已20多亿年，不管是生态环境巨变，还是自然灾害侵袭，都没能摧毁它，这浑身发绿的小球藻的稳定基因也几乎没有发生变化。小球藻身藏大量的叶绿素，高效地储存和转化太阳能，它的光合能力为其他植物十倍以上，所以它获得了"罐装的太阳"的美誉。

　　在一小湾海域，如果你取一杯含有小球藻的海水，恰好阳光充足，气候温暖，那么不长时间，你就可以观察到，这杯海水整个儿变绿了。这足以说明，小球藻具有强大的繁殖力。

　　为什么会这样呢？它不像高等植物那样能开花结果，而只能进行细胞分裂，或者在细胞里长出"似亲孢子"来进行繁殖。一个小球藻细胞1分为2，然后是2分为4，4分为8，越分越多，并保证细胞基因不会发生变异。在生长环境优越的情况下，一个小球藻的细胞内可以分出4~16个孢子来。这些小小的孢子长得很像它们的"母体"。随着孢子的长大，"母体的肚子"被撑破，小孢子散放出来，开始独立生活。这些小小的孢子又长成了母体的模样，于是一个小球藻经过"分身术"变成了4~16个小球藻。你不知道的是，这些分出来的小球藻生长飞速，它的体重一天之内就能翻番，甚至可以达到100倍！而这些分出来的小球藻又可以"分身"，繁殖更多后代。

　　刚诞生的幼小小球藻，从水中吸收养分而长大；当细胞成熟之后，小球藻的细胞分裂一定是4分裂的形式。其蕴含的能量保障了分裂过程中对能量的需求。小球藻的这种特异性分裂形式使它的叶绿体又产生大量的小球藻生长因子。而小球藻生长因子又是维持小球藻细胞分裂繁殖过程中保持基因不变的关键所在。

小球藻美名在外，被誉为"水中猪肉"。这是因为小球藻小小的身躯里蛋白质含量高达50%~55%，营养价值相当于鸡蛋的5倍、花生仁的2倍。不仅如此，小球藻还含有多糖、脂肪、维生素、微量元素和一些生物活性物质，小球藻中维生素C的含量为柑橘的2倍，更可贵的是，它还含有一般食物中所缺少的维生素B$_{12}$。"麻雀"虽小，五脏俱全，营养丰富，人类所需的营养物质，它那儿基本都有了。

小球藻除了可以作为水产养殖的饵料，还可以作为辅助食品或者是食品添加剂。第一次世界大战期间，它已经被人用来代替粮食了。有些国家的厨师还会在糕点、菜肴里加点小球藻提取液，据说能长时间保留香味。

日本从明治末期开始研究小球藻，1957年开始大量培养，并大力开发小球藻食品，实现了产业化生产。他们从小球藻中提取到一种烤胶化合物，加到面里即可做成色香味俱全的高级藻类面包，提高了面包的营养价值，并降低了生产成本。营养学家预计，这种藻类面包将以价廉味美而风靡全球。中国台湾省的小球藻产业发展也蒸蒸日上，20世纪70年代末时小球藻产品年产量就达到千吨，生产能力不低于2000吨。在大力发展小球藻研究的同时，对小球藻的规模化培养和作为食品的生产都得到了广泛的开展。

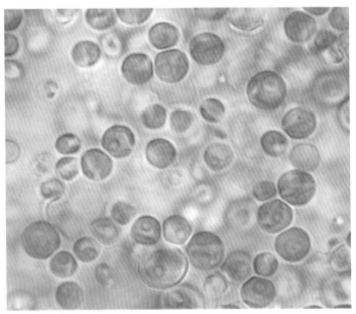
⬆ 显微镜下的小球藻

小球藻适应性非常强，实验已经证明，小球藻可以在完全失重的条件下生长发育。那么是不是可以把小球藻带上太空呢？它身形小，繁殖又快，既可以当成食物，又能处理宇航员呼出的二氧化碳，通过光合作用放出氧气，一箭多雕，多好的主意。其实，20世纪60年代初，苏联科学家已经把小球藻载入可操纵的宇宙飞船"东方五号"进入太空遨游，让它在失重的条件下生长发育。

小球藻有六大功效

1. 活化人体细胞，预防细胞的过早老化，加速伤口的愈合。

2. 诱发干扰素，激活人体免疫组织中巨噬细胞、淋巴细胞的吞噬功能，使白细胞、血小板的数值趋向正常，提高免疫力。

3. 识别并抑制变异细胞的生长，修复受损基因，抵抗病毒入侵。

4. 小球藻可排除残留在体内的铅、砷、汞等重金属。并可减少因大气污染、装修污染、农药化肥的使用、汽车尾气的排放、清洁剂的使用造成的污染，减轻电脑、手机、电视使用时产生的辐射。

5. 小球藻能帮助平复高血压、高血糖、高血脂。

6. 预防胃、肠道疾病，调节肠道内菌群；改善心、肺功能。

第二次世界大战中，美国利用小球藻作为航空食品，因为它具有航空食品所要求的重量轻、营养价值高的特点；第二次世界大战结束后，美国进行了小球藻的大面积培养，想用它来代替粮食。

2001年1月10日，中国"神舟二号"太空飞船搭载小球藻上天，进行生态循环科学实验，取得了许多重大科研成果，作为宇航食品，小球藻越来越令世人期待。

美国营养学教授敏德尔博士在其所著《维生素圣典》中指出："小球藻是完美的天然营养食品，除含有复合蛋白质外，还含有维生素B、C、E及重要矿物质，特别是锌和铁的含量极高，可作补品用。"他还发现，小球藻能增强人体免疫系统功能，改善消化功能，有助于身体排毒和缓解关节疼痛。小球藻由于具有全面、均衡的营养成分，在许多营养减肥计划中得到广泛使用，效果显著。

日本这个长寿国家对小球藻也青睐有加，1984~2006年，在日本2000多种健康食品中，小球藻稳居十大健康食品排行榜第一名。小球藻还有防辐射的作用，在1986年的苏联切尔诺贝利核电站泄漏事故后，日本派大量专家去苏联救援时，向当地人提供了从日本带过去的小球藻以及小球藻食品，用以提高受辐射侵害者的免疫力。

我国中医研究也认为在众多藻类中，小球藻性凉，但是最温和，连虚寒之人也可服用。小球藻对高血糖、高血脂、高血压还有明显的防治、调理和控制发展的作用。

● **三角褐指藻**

在东海微藻世界，打开硅藻这扇门，你会看到一种叫作三角褐指藻的微藻。三角褐指藻喜暖，喜湿，浮游于海，赫赫在洋。

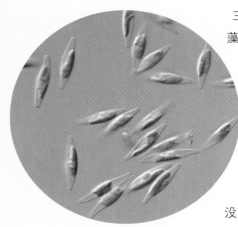

⬆ 三角褐指藻

三角褐指藻是单细胞藻类。有意思的是，三角褐指藻会"变身"。它的细胞体有三种形态——三出放射形、梭形和卵形，这三种形态在不同的环境下可以互相转变，在正常环境下，多数是三出放射形的，少数是梭形的，这两种形态都没有硅质的细胞壁。三出放射形细胞长度为10~18微米，细胞中心部分有一个细胞核，有黄褐色的色素体1~3片。梭形细胞长为20微米，两端较钝。卵形细胞长径为8微米，短径为3微米，它有一个硅质壳面但没有壳环带。

三角褐指藻是贝类和虾类幼体的"食物"，它还是我国较早培养的单细胞藻类之一。在海水养殖过程中，可作为海洋生物幼体的食物，使其健康顺利地成长。

● 微藻的发展

1958年，第一批用于食品和饵料的海洋微藻开始在我国的生物实验室中培养。我们为小球藻、扁藻和三角褐指藻等建立了培养池，总结了一套可行的培养方法，微藻生产就此奠

⬇ 培养微藻的光生物反应器

基。时间的齿轮转到了1972年，螺旋藻、盐藻等的培养研究在不少单位陆续展开，小规模的生产和应用实验也得到了快速发展。历经多年，藻种选育、培养基配置等培养技术，已经"触到"国际先进水平。

如果你去参观微藻加工一条线，会发现不少新应用和新实验——微藻蛋白的工厂化生产实验，光生物反应器，藻类采收、浓缩、干燥和加工，微藻饲料的应用实验等。如今，富含活性物质的微藻以食品添加剂的形式成为饮料及保健食品生产方面的"新秀"。

微藻的含油量确实不是"徒有虚名"，有些微藻的含油量超过60%，比玉米、甘蔗都要高。它们都是制备生物柴油的原料，但是相对一般的产油作物，微藻的优势非常明显，它可以长在一小池海水中，更可以长在浩瀚海洋中，从不和农作物争夺农田，生长周期短、可持续、产量高、容易培植，还可以捕捉二氧化碳，用来做生物柴油的资源库，真是"一箭多雕"。正是看中了这一特点，美国等国家在微藻能源研发上投了巨资，这就是"微型曼哈顿计划"。

"微型曼哈顿计划"由美国"点燃燃料"公司倡导发起，美国国家实验室和科学家联盟参与其中。他们雄心勃勃，要在几年内实现藻类产油的工业化，达到每天生产百万桶生物原油的目标。为此，美国能源部以圣地亚哥国家实验室牵头，组织十几家实验室以及上百位专家参与了这一宏伟工程。

"微型曼哈顿计划"的出台让微藻生物柴油开发热潮一浪一浪涌来。目前，除了"点燃燃料"公司之外，

⊕ 微型曼哈顿计划：微藻油脂

科罗拉多州的"索力克"生物燃料公司也正在开发类似的藻类制油工艺。犹他州州立大学的科学家也宣布利用一种全新技术从藻类中提取出了油，正在将其转化为生物柴油，他们期望近期能生产出在价格上有竞争力的藻类生物柴油。我国也将微藻生产生物柴油列入了国家科技攻关的项目中，并加大力气追赶发达国家。

海洋大型藻类

"大型藻类之船"驶入东海的深港。礁膜不仅可爱，而且鲜嫩，更重要的是它营养丰富，可做药用。"百足虫"蜈蚣是响当当的"五毒之首"，东海中的蜈蚣藻可和它不一样，它能清热解毒，还能治蛲驱蛔，自古以来就作为一种海洋中药材使用了。

● 礁膜

东海嵊山、象山海域盛产一种绿色的海洋大型藻，它的膜质薄而软，在水波中轻柔摆动，像春日的嫩草一样可爱，它就是礁膜。

绿紫菜、苔皮、石菜、大本青苔菜、由菜、绿苔等都是礁膜的名字。它大多生长在中潮带岩石上，质软而有光泽，不光东海有礁膜，南海也有。4~5月份，是礁膜生长的盛期，绿色或黄绿色的礁膜翩翩飘舞，好不热闹。

● 海洋中的礁膜

瞅准时节，打捞礁膜上来，渔民们常常会先尝尝鲜，因为它味道鲜美，还有"下锅烂"的俗名。渔村有这样的民谣："蛤蜊鲜到嘴，牡蛎鲜到心，'下锅烂'鲜到脚后跟！"为什么叫"下锅烂"呢，原来，想吃鲜礁膜非常容易，把水烧开，礁膜下锅，翻个滚儿，"下锅烂"就可以吃了。它鲜美无比，甚至有这样

⬆ 礁膜

的说法——喝过一碗"下锅烂"的人，一辈子都会想着它的鲜味儿。尝过鲜之后，人们就会把鲜礁膜晒干，制成干品食用，也可以用来做调味品。从营养学角度看，礁膜也确实是一种重要的生物资源，它含有糖类、脂肪酸、维生素、氨基酸、无机盐和微量元素等，是绿藻中食用价值较高的一种。

除了食用价值，礁膜的药用价值也不容小觑。它具有清热化痰、利水解毒、软坚散结的功效，能治疗咽喉炎、咳嗽和水肿等多种疾病，是一种极具开发潜力的海洋药物资源。但是也要注意其性寒味咸，脾胃虚寒的人最好不要多吃。

礁膜在食用和药用方面都显示出不凡的前景，它的系统化研究和产业化养殖也势在必行。而我国已有研究者首先攻克了宽礁膜全人工育苗及栽培技术难关，开创了中国大型经济绿藻人工栽培的先例，礁膜开发将宏图大展。

礁膜的育苗和栽培

2004年5月23日，由上海水产大学（现上海海洋大学）与浙江省玉环县东升海珍品养殖开发公司共同承担的"礁膜的人工育苗及栽培技术开发"通过了浙江省科技厅的成果鉴定。课题组开展了礁膜的种质资源调查，测定了宽礁膜的营养成分，并对宽礁膜的生活史、生物学和生态学等进行了系统的研究；提出了宽礁膜人工育苗及栽培生产的主要技术环节和要求。评审组一致认为，该项目在中国国内首次开展了宽礁膜全人工育苗和栽培，并提出了有效的礁膜育苗和栽培方法，为中国增加了一种有开发前景的新的海藻栽培种类，结束了中国没有大型经济绿藻人工栽培的历史。

↑ 蜈蚣藻

蜈蚣藻的用途

蜈蚣藻不仅可供食用药用，提取藻胶，还因为颜色鲜艳被日本人用作沙拉和天然食品色素呢！

● 蜈蚣藻

陆地上的"百足虫"蜈蚣毒性剧烈，可谓"五毒之首"。在东海也有一种借用了它的名字的海藻叫蜈蚣藻，和它可大不一样，不仅没有毒性，还能清热解毒，治蛲驱蛔，早在我国古代就把蜈蚣藻当作一种海洋中药材使用了。

蜈蚣藻是大型红藻的一种，高能达到20~30厘米，在红藻中算得上"巨人"了。你还可以叫它海赤菜、冬家烂、膏菜等。它通体紫红，胶质、黏滑，丛丛生长，那些成熟了的囊果如颗粒般长在身体表面。如果你想一睹蜈蚣藻的真容，最好到东海海域潮间带的泥沙碎石上寻找。浙江沿海水质肥沃，舟山的蜈蚣藻生长尤为茂盛，紫红色的蜈蚣藻在海水的映衬下色彩浓郁。在我国台湾沿海，潮间带以下至终年被海水覆盖的亚潮带均分布有蜈蚣藻。

蜈蚣藻像其他海藻一样，也含有比一般陆地植物更加丰富的矿物质、维生素、微量元素等营养物质。除此之外，它还含有一种蜈蚣藻多糖，这种多糖物质有抗肿瘤、抗病毒、抗氧化、抗炎、杀虫及增强免疫力等生物活性。虽然这些活性物质的详细作用机理还需要专家进一步研究，但蜈蚣藻有自己的优势——它与合成药物相比毒副作用小，并且资源丰富、容易采集、成本低，开发成健康食品或药物的希望很大。

动物世界

东海跃动着蓬勃的生命力，不光海边的人爱听大海的涛声，东海的海洋动物也离不开这里的每一滴海水。

鱼类家族

东海的鱼类千奇百怪，有赫赫有名的"四大海产"，有"西风吹上四鳃鲈，雪松酥腻千丝缕"的松江鲈；有鱼鳔"贵如黄金"的黄唇鱼，还有"面包鱼"绿鳍马面鲀；有像用竹板编起来的组合隆起荚的竹荚鱼，有身披七条黑色横带"行走江湖"的条石鲷，还有"海中小刺猬"六斑刺鲀，种类繁多的鱼在东海的怀抱中悠哉游哉地生活。

● 大黄鱼

每一个海域的鱼群中都会有自己的优势种，它们个体数量多、生物量高、生活能力强，占有竞争优势。大黄鱼在东海分布数量大，加上其肉质好而美味，鱼鳔还能制作成名贵的"鱼肚"，也可以做成"黄鱼胶"，肝脏因含维生素A成为制作鱼肝油的上等原料。鱼头中的耳石还能做药用。因为这些原因，大黄鱼就曾和小黄鱼、带鱼、乌贼一样是东海渔产中的优势种，且是"四大海产"中的佼佼者。

大黄鱼主要栖息在沿岸和近海水域的中下层，喜欢透明度较小的混浊水域。黎明、黄昏或大潮时悠悠上浮，白昼或小潮时又悠悠下沉。大黄鱼主要吃小型鱼类及甲壳动物（虾、蟹、虾蛄类）等。

大黄鱼能发出强烈的间歇性声响。在生殖季节，鱼群终日发出"咯咯咯"的声音，声音之大在鱼类中非常少见。春季向近岸、河口作生殖洄游，边游边"唱"，就像雨后夏夜池塘里的蛙鸣一样，声音很大，能传出数里，这时，壮观的鱼汛就形成了。

● 大黄鱼的形态

大黄鱼怎么发出声音

它的主要发声器官是鳔及其两侧的声肌。当声肌收缩时，压迫内脏使鳔共振而发声。在生殖季节鱼群终日发出"咯咯"、"呜呜"的叫声。这种发声一般认为是鱼群用以联络的手段，在生殖时期则作为鱼群集合的信号。中国渔民早就以此习性判断大黄鱼群的大小、栖息水层和位置，以利捕捞。

大黄鱼喜欢成群居住在温暖的地方。所以温暖的东海盛产大黄鱼，集中在江苏南部吕泗洋、浙江北部岱山县岱巨洋、浙江南部象山县的猫头洋至福建霞浦等四县的官井洋、福建平潭县附近牛山至闽南厦门沿海等地。

东海曾是大黄鱼的主产地，每年捕捞产量占到全国的90%，而东海大约九成的大黄鱼又来自象山湾海域的大目洋和猫头洋，象山湾可谓大黄鱼最原始的故乡。渔民说："过去鱼群多的时候，连竹篙也插不下去。"如果你不相信，可以看看下面的数字：浙江省1974年的产量曾达到16.8万吨。1974年初春，全省有近2000对机帆船涌到中央渔场（即长江口外海、舟山外海渔场）围捕越冬大黄鱼。这是我国渔业史上大黄鱼产量的一个奇迹——产量最高的一年，但是付出的代价也是惨重的。这次对大黄鱼的"围剿"让它一蹶不振，几乎一举端了大黄鱼的"老窝"，极大地破坏了大黄鱼的资源基础。

正合了"三十年河东，三十年河西"这句老话，到20世纪80年代末90年代初，大黄鱼的年产量跌到了2000吨左右。如今在东海，大黄鱼已不再是绝对的优势种，它需要休养生息。

● 小黄鱼

大黄鱼和小黄鱼是有渊源的。古时候，它们都叫石首鱼，这是因为它们头骨里有两粒白色小石子，可起平衡和听觉作用。屠本畯《海味索隐》有记载："黄鱼，谓之石首，脑中藏二白石子，故名。"小黄鱼肉质鲜嫩、富有营养，特别适合老人、小孩作为滋补和食疗材料，是一种优质的食用鱼，很长一段时间里还是我国主要的出口品种，位列东海"四大海产"第二位。

🔴 小黄鱼

大黄鱼和小黄鱼的外形及体色都很相似，那大黄鱼是不是"放大版"的小黄鱼？不是的，仔细看看，它们还是有很大区别的。大黄鱼不但个头比小黄鱼大，眼睛也比小黄鱼大得多。大黄鱼的尾柄长度是尾柄高度的3倍多，细细的鱼鳞紧密地排列在一起。小黄鱼呢？它的体背比较高，鳞片圆圆大大、尾柄粗短，口宽上翘。我们还有更有力的证据：大黄鱼是暖水性鱼类，小黄鱼为温水性鱼类；小黄鱼有更明显的昼伏夜浮垂直移动的习性，有渔谚云："要捕大黄鱼向南走，网不要放得太深；要捕小黄鱼往北走，网要往深里拖。"所以，归根到底，大黄鱼和小黄鱼是两种鱼，小黄鱼即使长大了，也不会成为大黄鱼。

小黄鱼活跃在渤海、黄海和东海，在渤、黄、东海存在3个地理种群"家族"，为我国渔业的主要捕捞对象。对于很多鱼儿来说，越冬、产卵和洄游是必经的几个过程，每年都如此。小黄鱼也不例外。东海是小黄鱼的"乐活地"，它们每年都会花1~3个月的时间越冬，越冬地就选在温州到台州海域。暖和的春天一到，它们就一伙儿一伙儿地向南游，游到浙江和福建近海产卵。也有的在佘山、海礁一带浅海区产卵。五月来了，产完卵的鱼群就会四散而去，到长江口一带海域索饵，冬天一来，它们又奔向越冬场。

20世纪50年代以来，小黄鱼资源量和渔获量发生了很大的变化，先后历经了资源兴旺期、资源平衡期、资源衰退期和资源恢复上升期。

东海群系的小黄鱼数量比较多，越冬场非常明显，主要在温州至台州外海水深60~80m海域，越冬期1~3个月。从2000年冬季调查资料来看，东海群系的小黄鱼资源仍没有明显恢复，越冬范围比较小。

小黄鱼资源也让人忧心。有相关的研究不断佐证着渔业专家的担忧：大黄鱼和乌贼从海区渔获量优势种的名单上消失了；带鱼和小黄鱼虽然数量不少，但大多都是小鱼，它们的质量也不如从前。50多年前，小黄鱼平均体长还能达到20多厘米，现在却只能达到原先的一半。有调查显示，东海小黄鱼1966年的平均体长24.4厘米，平均体重318克；而2011年平均体长12.4厘米，平均体重36克。东海里游动着的小黄鱼甚至没有机会长大成年就被捕捞上来，送上人们的餐桌。大海里游动着的几乎全是低龄小黄鱼。从前捕获的小黄鱼平均为5龄以上，现在差不多都是1龄鱼，经济价值大打折扣。

宋朝人范成大写"楝子开花石首来"，如今，楝树开花，黄鱼却很难来。和大黄鱼一样，在野生小黄鱼资源量大量减少的情况下，人们开始通过人工养殖的方式对小黄鱼进行资源修复，网箱养殖小黄鱼已经得到了发展。

飞花鱼

在我国钓鱼岛周围海域，盛产一种叫作飞花鱼的珍贵海洋鱼类，它富含蛋白质、微量元素和多种维生素，对人体有很好的滋补作用，是黄鱼中的珍品。

 鳗鲡

● 鳗鲡

东海有鳗鲡，它们海里出生，江河里长大，入冬后，成熟的雌性鳗鲡又会漫游入海产卵。从"柳叶仔鳗"到"玻璃鳗"，再到"线鳗"和"银色鳗"，鳗鲡"曼妙变身"，欢悦东海。

鳗鲡是鱼，却如海中长蛇，小头长身，身体呈圆筒形，是洄游性鱼类。刚出生的鳗鲡通体透明，形似柳叶。发育一段时间后，变成白色透明的线状"玻璃鳗"。然后

有毒的鳗鲡血

鳗鲡的血清有毒，切勿饮服，以免中毒。宰杀时必须将鳗鲡血洗净，手部有伤口者，必须戴上手套。

向江河上游游去，距离长达上千千米，体色变黑加深，成为"线鳗"。长大后，身体又会转变成黄褐色，秋天来临之际，膘肥体壮的鳗鲡就会成群结队地游向大海，鳗鲡会"穿"上银白色的"婚纱"，做好产卵的准备。一路上，它们不停歇，不吃饭，到达东海后就产卵。年年如此循环往复，永不停息。

如果你用手去抓鳗鲡，就会发现它全身滑腻。这是为什么？因为鳗鲡的表皮中有很多黏液细胞，可以分泌黏液。这些黏液大有用处，可以保护它免受细菌、寄生虫和其他微生物的侵袭，还能调节皮肤渗透压，润滑体表，使鳗鲡游泳时所受的阻力大大减小。除了鳃，鳗鲡的皮肤也能用来呼吸，水温15℃以下或者离开水之后，鳗鲡就靠着它潮湿的皮肤呼吸来维持生命。

鳗鲡是肉食性动物，吃小鱼、虾、蟹、蚯蚓、螺、蚌、水生昆虫等。它捕食一般是晚上，这跟它喜暗怕光有关。鳗鲡还善于钻孔打穴，雨天活动更加频繁，会四处游窜。

鳗鲡的营养价值非常高，被称作是水中的"软黄金"，在中国以及世界很多地方从古至今均被视为滋补、美容的佳品。唐代名医孙思邈，梁朝陶弘景，明代李时珍等对鳗鲡的药用价值都有过论述。《本草经疏》说："鳗鲡鱼甘寒而善能杀虫。故骨蒸痨瘵(肺病)及肠痔瘘人常食之，有大益也。"《本草纲目》谓："鳗鲡所主诸病，其功专在杀虫去风耳。"我国现代医学家也认为，吃鳗鲡可以治疗夜盲症，对治疗肺炎、肺结核有效；对妇女产后恢复有奇效。

日本人在冬天就常吃香喷喷的烤鳗饭以驱走严寒，保持充沛精力。日本是世界上最大的鳗鲡消费国，年消费量在13万~14万吨，其中从中国进口大约10万吨。正由于鳗鲡经济价值高，19世纪以来，世界各国对鳗鲡养殖的兴趣逐渐增长，我国的鳗鲡养殖业从20世纪80年代中期开始起步，到90年代中期，产量居世界首位，这其中的功劳要归于江苏、浙江、福建等地沿海鳗鲡养殖区。

◎ 松江鲈

南宋诗人范成大曾赋诗赞美松江鲈："西风吹上四鳃鲈，雪松酥腻千丝缕。"这种在海水中繁殖、在淡水中生活的鱼，在我国四大海域都有分布，但以上海松江县生产的最为著名，所以叫它松江鲈。松江鲈从魏晋时期就开始誉满中国了，它的肉嫩而肥，鲜而无腥，没有细毛刺，滋味鲜美绝伦，是最鲜美的海味之一，与黄河鲤鱼、松花江鲑鱼、兴凯湖鲌鱼齐名，被誉为我国四大名鱼。

⬆ 松江鲈

松江鲈长得让人不敢恭维。个头小，长不过17厘米，一身褐色的"皮肤"，还长着些"鸡皮疙瘩"，脸上的前鳃盖骨还有四枚棘，长了一副不友好的样子，左、右鳃膜上各有两条橙黄色条纹，好像四片鳃叶外露，所以又被称为"四鳃鲈"。

松江鲈虽然长得丑，但是很有营养，鱼肉所含的蛋白质高达20%，比牛肉、鸭肉、黄鳝的蛋白质含量还要高，用李时珍在《本草纲目》中所写的话来说就是：它"性甘乎，有水毒，补五脏，益筋骨，利肠胃，治水气，多食宜人，作丝尤良，曝干，甚香美；益肝肾，安胎补中，作蛤尤佳"。

⬆ 松江鲈菜肴

翻翻历史典籍，你会发现，松江鲈与中国好几位皇帝有不解之缘。隋炀帝赞松江鲈鱼为"东南之佳味"。清代康熙皇帝在南巡途中，先后两次到松江品尝，赞不绝口。乾隆皇帝南巡时也来到松江，品尝后封它为"江南第一名菜"。从此，松江府年年向朝廷进贡松江鲈。

在东海，每年的11月底，松江鲈亲鱼陆陆续续来到海边，来年再进行繁殖。雄鱼在事先修好的洞穴中等待雌鱼的到来。雌鱼会把卵产在洞穴的岩壁上。你知道雌鱼一次能产下多少卵吗？——1000粒左右。产完卵之后，雌鱼就会到近岸海域觅食，雄鱼在原地护卵一个月，一直到仔鱼孵出，才能出去觅食。4月中旬，幼鱼长大了，进入河流或者湖泊中，找到喜欢的清澈环境，昼伏夜出，吃吃小鱼、虾，安定下来生活。

历史的时钟不停，从过去走到现在，海洋中的生物种类和数量发生着很大的变化。20世纪60年代以后，因为捕捞过度以及水体污染、水利设施的兴建等原因，松江鲈的生存状况不容乐观。如今，分布在钱塘江和富春江河口海区(杭州湾)的松江鲈，相比历史数据，群体数量已经大幅度减少了。每年6月初，在富春江江段可以见到溯河而至的体长4~5厘米的幼鱼。到10月下旬，成鱼开始洄游，从桐庐（富春江水电站）至钱塘江口，整个流域的虾笼和蟹笼、刺网、钓钩或其他网具的渔获物中只能偶尔见到松江鲈鱼，一个码头的20余只渔船一天可捕获的松江鲈鱼不足10尾。好在科学家已经开展松江鲈的人工繁殖、饲养工作，松江鲈的养殖展现出良好的前景。

● **鲐鱼**

鲐巴鱼、青花鱼，说的都是鲐鱼。纺锤形的身子，圆锥形的头，大大的眼睛，大大的口，身体上"披"着细小圆鳞，背为青黑色，有不规则的深蓝色斑纹，鲐鱼就是这个模样。如果你想更健康、更聪明，就吃鲐鱼吧。它的营养价值很高，鱼肉中的蛋白质和粗脂肪含量都高于大黄鱼、带鱼和鲳鱼。

大部分鲐鱼体长为15~30厘米，体重300~1000克。最大的能长到60厘米左右，重3000克，是"巨鲐鱼"。平常以浮游动物、小鱼、小虾为食，很少到近海浅水活动，白天在海水中上层觅食，晚上就集于水体表层大口吞食上浮的小鱼、小虾。

鲐鱼是一种远洋暖水性中、上层鱼种，擅长游泳，分布较为广泛，但是要说到产量最多，那就非东海莫属。鲐鱼是洄游性鱼种，每年3月末到4月初，随着春天的到来、水温的回升，鲐鱼便"结队"一批一批从南到北游向鱼山、舟山和长江口渔场。一部分鲐鱼选择在东海产卵，一部分则继续"向北"，进入青岛—石岛外海、海洋岛外海、烟威外海产卵，还有一小部分去渤海产卵。进入秋天，北方9月的水温没有那么温暖，鲐鱼便陆续南下，来到东海中南部等，度过它们的冬天。

如你所知，大黄鱼、小黄鱼、乌贼，以前的"四大海产"资源量锐减，在这样的背景下，是谁成为东海捕捞资源的"新秀"呢？没错，正是鲐鱼。鲐鱼已经成为我国近海的主要经济鱼种之一。我们说它是"新秀"，其实它的"资历"也不浅。早在150多年前，浙江金塘就开始捕捞鲐鱼了。福建、浙江等地海上捕捞鲐鱼也有六七十年的历史。20世纪50年代，鲐鱼很常见，每年五六月份，它们成群结队地游到近

🐟 鲐鱼

鲐鱼的用途

鲐鱼除供鲜食外，还可冷冻、腌制、熏制，加工成鱼罐头等。由于体内脂肪多，肝脏中维生素含量高，还可炼制成鱼肝油。

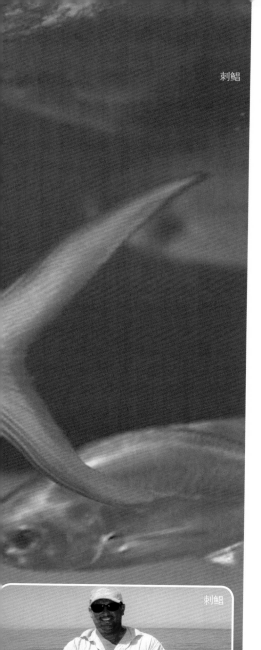

刺鲳

海产卵。捕捞时一网下去，能打上千斤；冬天，鲐鱼在深海活动，要用灯光诱捕。70年代，东海鲐鱼产量"呼呼上升"，这大部分是灯光围网捕捞的"功劳"。如今，东海鲐鱼的产量稳定在20万吨左右，已经"跻身"我国主要的经济鱼种之一。

● 刺鲳

近圆形的身体，青灰的皮肤，小头圆眼，鳃盖上有黑斑，身上还"披"着一层银白的鱼鳞，这层鳞很脆弱，轻轻一抹就下来了，这种热带至温带近底层鱼就是刺鲳。在世界范围内，刺鲳分布于中国近海、韩国南部及日本南部等海域，其中中国东海是丰产区。

刺鲳喜欢暖水，一般在水深100米以内的底质为泥沙的海区生活。水母、小虾、小鱼、泥沙中的原生动物和少量底栖硅藻，都是刺鲳喜欢的食物。到了繁殖季节，刺鲳会从深海向浅海洄游，7~8月份刺鲳进入产卵期。幼鱼栖息于水表层，常躲藏于水母触须中寻求保护，成鱼则底栖生活。

东海的刺鲳以鱼山渔场数量最多，其次为舟山渔场，从密度上看，也是鱼山渔场密度最高，其次为江外渔场和长江口渔场。从季节上看，春季刺鲳最少，主要零星分布在东海南部的鱼山、鱼外和温台渔场，北部海域主要分布在沙外渔场。到了夏季，刺鲳就渐渐增多起来，主要分布在浙江一带近海海域，其中舟山渔场最密集，其次是鱼山、舟外和长江渔场。每年10月至翌年1月间就到了刺鲳最多最密的时候。

过去，刺鲳的捕获量在东海并不突出，不是传统的捕捞对象，但是近些年，东海的刺鲳渔获数量在总渔获中所占的比例不断增长，在东海渔业中占有越来越重要的地位。

刺鲳

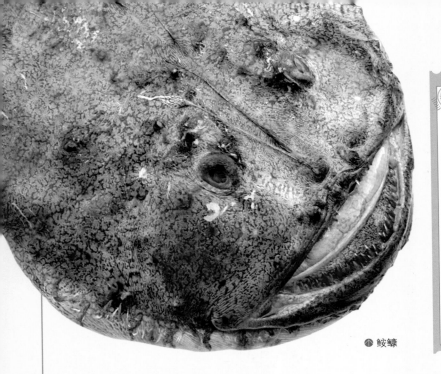

鮟鱇

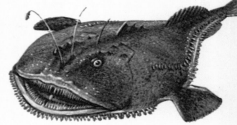
● 鮟鱇

鮟鱇这种鱼既像老头，又像蛤蟆——它能发出像老人咳嗽的声音，它的身体平扁、头大、躯干部粗壮呈圆柱形，跟蛤蟆一样，所以又叫做老头鱼或海蛤蟆。

黄鮟鱇和黑鮟鱇喜欢砂砾泥质"海床"，在东海中都能找到，黄鮟鱇一般分布在黄、渤海以及东海北部，黑鮟鱇可以在东海和南海见到。从近几年的监测情况来看，鮟鱇仅仅浙江省沙外渔场、长江口渔场、舟山渔场等水域的平均年产量能达到1万吨以上。

鮟鱇是肉食性鱼，它的嘴巴可以用"恐怖"来形容了——血盆大口像身体一样宽，大嘴巴里长着两排坚硬的牙齿。前端有皮肤褶皱伸出去，看起来很像鱼饵，鮟鱇利用此饵状物摇晃，引诱猎物，可怕的大嘴巴一张开，可达平常的数倍，鮟鱇会以迅雷不及掩耳之势把猎物一口吞到肚子里，凶猛至极。一不小心，狮子鱼、白姑鱼、星康吉鳗、细条天竺鲷这些中下层鱼类就会被吞入鮟鱇的肚子里。

↑ 鮟鱇

绿鳍马面鲀

绿鳍马面鲀的别名很有趣，比如"猪鱼""皮匠刀""面包鱼""烧烧鱼""迪仔"等，说的都是它。它长相可爱，椭圆形的身体，眼睛小，位置高，口小，头短，细小的鳞片、蓝灰色的身体、绿色的鱼鳍，有几分小清新的味道。

绿鳍马面鲀的蛋白质含量特别高，营养价值不比其他鱼差，是一种价廉物美的食用鱼种。绿鳍马面鲀浑身都是宝。绿鳍马面鲀的肝比较大，可制鱼肝油。鱼骨可做鱼排罐头，头、皮、内脏可做鱼粉。鱼皮能制成可溶性食用鱼蛋白。绿鳍马面鲀鱼肉的肌肉纤维长，可制成烤鱼片。

绿鳍马面鲀是一种暖水性近海中下层鱼种，通常栖息在泥沙底部和岩礁附近的海域。奇特的是，它能发出"咕咕"的叫声，人在岸边也能听到。绿鳍马面鲀的食物主要是浮游生物，也吃甲壳类中的桡足类、糠虾类、磷虾类、十足类以及毛颚类、腔肠动物、软体动物、鱼卵等，食性很杂。

绿鳍马面鲀主要在太平洋西部"逗留"。在我国，要说绿鳍马面鲀产量较大的海域，还要数东海。尤其是东海南部渔场，它是绿鳍马面鲀的主要产卵场。东海的温州、台州外海，还有对马海峡以及闽东渔场，都是绿鳍马面鲀的"基地"。每年12月到第二年3月，鱼汛期间捕捞量很大。绿鳍马面鲀的另外一个"大本营"是舟山渔场和舟外渔场，每年五六月份，鱼群浩荡，好不壮观。我国钓鱼岛东北海区即黑潮及其分支处附近海域，是绿鳍马面鲀的过路渔场和产卵场，对该产卵场的保护十分重要。

正当我国传统经济鱼种大黄鱼、小黄鱼、乌贼资源节节下滑之际，绿鳍马面鲀资源一度上升，多的时候一年可以捕到20万吨，仅次于带鱼。

大自然的规律一再提醒我们，"竭泽而渔"是极为危险的，绿鳍马面鲀的捕捞也不例外。1978年以前，捕捞绿鳍马面鲀的渔船都集中在东海中南部，最高年产量达28万吨，后来随着对马渔场等的开发利用，钓鱼岛这个渔场的产量逐渐减少，从10万吨左右下降到3.4万～8万吨，1990年降到万吨以下，到1995年仅为2000多吨。

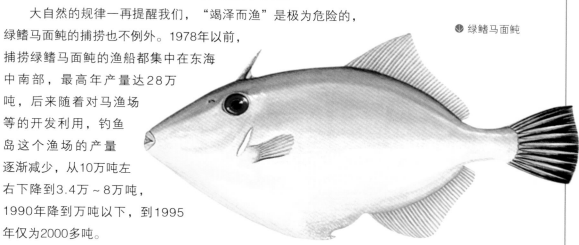

◆ 绿鳍马面鲀

● 竹荚鱼

刺鲅鱼、马鲭鱼和黄鳟说的可是一种鱼——竹荚鱼，它纺锤形的身体两侧全是高而强的棱鳞，整个形状就像是用竹板编起来的组合隆起荚，名字也就这样得来。竹荚鱼有较高的经济价值。加工后的产品形式主要为冷冻原条鱼、鱼段、罐头、鱼粉、鱼油等，饲料中重要的蛋白质组分红鱼粉主要就是用竹荚鱼加工而成的。竹荚鱼营养丰富，富含不饱和脂肪酸，拥有DHA、EPA等，常吃可以起到预防高血压、脑中风等作用。

不同的国家有不同的竹荚鱼吃法。在中国，传统的方法是腌制成咸品后，油煎、清蒸。油炸、烧溜、烟熏也较普遍，有时还用冷冻竹荚鱼加工成罐头。在市面上，主要通过加工成鱼松、鱼丸的形式销售。在日本，他们则会把竹荚鱼加工成生鱼片食用，或者是用烘炉烤熟，分切成块来吃。如果你去西非尼日利亚旅行，就会看到人们就着可可酒，吃烧烤竹荚鱼，别有一番风味。

竹荚鱼在全世界范围内分布很广，是世界主捕鱼种之一。东海是竹荚鱼产卵和索饵觅食的地方，在东海孵化出来的竹荚鱼幼鱼，会伴随黑潮以及对马暖流向日本等周边海域游去。

竹荚鱼

⬆ 竹荚鱼

⬆ 竹荚鱼

　　它属于海洋中的中上层洄游性鱼种,游泳速度很快,还喜欢成群结伴聚集在一起,并且有趋光的特性。在我国钓鱼岛海域,每年的3月中下旬至4月初是竹荚鱼的产卵盛期。

　　在20世纪六七十年代时,竹荚鱼在庞大的东海生物种类和捕获量中十分渺小,直到70年代后期,围网鱼汛中竹荚鱼产量逐渐上升,这才引起人们的关注。值得注意的是东南太平洋竹荚鱼储量丰富,1985年我国发展远洋渔业以来,就将东南太平洋作为以竹荚鱼为主要捕捞对象的后备渔场。随着国家鼓励走出近海,发展远洋,竹荚鱼也有望成为远洋捕捞的一个主要鱼种。

● 条石鲷

　　条石鲷身子短,头也短,侧面观呈卵圆形,黄褐色,身上7条黑色横带是它"行走江湖"的标志。它强壮的牙齿和鸟喙般的口部,能把海螺、蚌类、海胆等咬碎吞食。条石鲷主要分布在我国东海、黄海,日本北海道以南等海域,栖息于10～100米水深的岩礁、砂砾、贝藻丛生的海区。

⬇ 条石鲷

　　条石鲷非常适合工厂化养殖、池塘及海上网箱养殖,南北方都可以养殖。但是条石鲷对生长环境的要求非常苛刻,必须在低于12℃的水温环境下生长。为了解决这一问题,科研人员决定让苗种"夏北冬南"。条石鲷夏天在青

条石鲷

岛避暑，冬天到水温较高的南方过冬。据介绍，除了青岛外，福建漳州、浙江宁波、辽宁大连等地，都有条石鲷的工厂化育苗以及养殖生产试验基地。

条石鲷肉味独特，清蒸条石鲷的肉质极为细嫩，鱼肉入口即化，有"梦幻之鱼"的美称。它不仅好吃，而且好看，体态优美、色泽艳丽的条石鲷也常常被列入观赏鱼的队伍中。

● 暗纹东方鲀

在中国文化的早期，《山海经》里就有关于河豚的介绍，大意是河豚有毒，食之丧命。吟诵"正是河豚欲上时"的苏东坡，将对河豚鲜美的赞颂推上巅峰，甚至高叹"也值一死"。暗纹东方鲀是河豚中的一种，生活在东海、黄海以及通海的江河下游。

暗纹东方鲀身形略圆，皮肤上有部分刺头模样的小鱼鳞，背部有好多条浅色条纹，好像"穿"了条纹衬衫。暗纹东方鲀看上去不壮，却很凶残。当生存环境恶劣时，互相残杀是常有之事。暗纹东方鲀一生下来就有来自"同族"和"异族"的威胁，所以必须练就一套独有的自卫本领。它的食道有异于"常鱼"的构造——向前腹侧及后腹侧扩大成囊且没有肋骨，这样的构造会给暗纹东方鲀带来什么好处呢？它遇到敌害，就会吸入空气和水，让自己的胸腹部膨大起来，活脱脱把自己"吹"成一个水中的小球，表皮上的小刺也会发挥自己的作用，它们竖立起来。这样暗纹东方鲀就能浮在水面装死，以此自卫，待天敌对它没有兴趣，它就会马上排放胸腹中的空气和水，快速地游走。除了这项"绝技"，暗纹东方鲀还是为数不多的会发出叫声的鱼，一般情况下，它如果被捕，就会发出"咕咕"的叫声，是在求饶吗，也许是吓的吧！

暗纹东方鲀喜欢栖息在东海、黄海等海域的中下层。幼鱼以轮虫、枝角类为食。成鱼以小鱼、虾、螺等为主要食物，有时还会吃些植物叶片和藻类作为"佐餐"，是一种杂食性鱼种。它吃食时有个"小动作"比较有趣，暗纹东方鲀会将食物一边向嘴里衔一边退缩。这种有趣的鱼还会"挑食"，味道好才吞食下去，味道差就干脆吐出来。

作为一种江海洄游性鱼

⤉ 暗纹东方鲀

种，春天一来，暗纹东方鲀就会由东海进入长江中下游或鄱阳湖水系产卵。第二年春天，小鱼儿们就会返回海中。

暗纹东方鲀兼具天使和魔鬼两面，鲜美无比，却又身藏剧毒。这一点不仅《山海经》提到过，其他医药典籍中都有详细记载。它的皮肤、性腺、肝脏、血液等都含有河豚毒素。而在繁殖期间，毒素含量达到最大值。河豚毒素是毒性最强的海洋生物毒素，从暗纹东方鲀的肝脏和卵巢中提取出来后，可用于戒毒以及治疗神经痛、痉挛等，实现变"毒"为宝。

《本草纲目》除了记载它"修治失法，食之杀人"。还有一句——"味虽珍美"。暗纹东方鲀确实味道鲜美，甚至有人说"不吃河豚不知鱼味"。在我国，尤其是长江中下游的居民特别爱吃这种鱼，除此之外，日本也是一大消费国。它含有剧毒，为什么这么多人吃还没有中毒呢？这是因为这些鱼都经过专业人员谨慎挑选严格加工，去除毒素后烹饪的。而且，经过一段时间的科学研究，暗纹东方鲀已经实现了低毒甚至无毒养殖，养殖的暗纹东方鲀经精心加工后就可以放心吃了。

● 六斑刺鲀

生活在东海的六斑刺鲀是鱼类中带刺的"萌物",它长20厘米左右,身如圆筒,背有六斑,尾巴短小,身上布满了又长又硬的刺,再加上那笨拙可爱的大眼和小嘴,活脱脱一副"小刺猬"模样。

六斑刺鲀也叫刺乖、刺龟,它其实分布比较广泛,除了中国沿海,南非、大西洋、太平洋北美沿海以及印度、朝鲜、日本、澳大利亚等沿海都有分布。六斑刺鲀在珊瑚礁和海藻附近生活,吃坚硬的珊瑚、贝类、虾、蟹等,春末夏初的繁殖期会大量聚集。

六斑刺鲀是刺鲀中的"另类",这源于它的刺。它全身密布由鳞片转化的强棘"铠甲",六斑刺鲀的刺竟然会动,尤其是身临险境的时候,平时横伏的刺就会竖起,体内腹侧的气囊也"启动",吞进海水,身体便膨大2~3倍,"变身"成一个大刺球,以此来威吓敌人。有时遇到一尾大鱼袭击小刺鲀,它们会竖起刺并聚集成团,就像一个大刺球,使敌害望而生畏。吓跑了敌人,它再快速扇动那不太协调的小胸鳍,推动圆滚滚的身体缓慢地游走。

刺鲀体内大都含有毒素,对于六斑刺鲀来说,它的内脏和生殖腺都有毒,只能做肥料,不能吃,还是做观赏用比较好。

↑ 六斑刺鲀

盔甲卫队

东海盛产虾蟹，它们组成了一支精干的"盔甲卫队"。虾蟹产量占东海捕捞总产量的1/5，这是一个不小的数字。长角赤虾、细点圆趾蟹等都是东海重要的经济虾蟹资源。它们在东海温暖的怀抱中生长繁殖，一代一代地传承着生命的希望。

● 长角赤虾

东海南部海域——温台渔场、闽东渔场、鱼外渔场高温高盐的海域分布着一种虾，它就是长角赤虾。它体长50~75毫米，体重1.5~4.0克，是虾类中的"轻量级"选手。冬天和春天是它最密集的时候，夏天和秋天，长角赤虾们会随着台湾暖流北上，在舟外渔场能找到它们的身影。

长角赤虾是个"重口味"，喜欢生活在高盐高温的地方，如果盐度低于34，它连一分钟都不会待，分布的区域性非常明显。

20世纪80年代，对长角赤虾的开发陆续开始，它成为东海温台渔场和闽东渔场的主要捕捞对象之一，资源量在1.5万～2.5万吨，在温台渔场和闽东渔场的冬春季捕捞中，其渔获量是最大的。

● 细点圆趾蟹

在东海渔场中，经济蟹类细点圆趾蟹不难辨认，你要是看到哪种螃蟹蟹背上有细小的紫褐色斑点，蟹脚圆圆的，那多半是细点圆趾蟹了。细点圆趾蟹盛产于东海，从80年代中后期被开发以来，它的经济价值很高，已经盘踞东海重要经济蟹类之列多年。

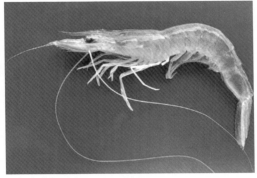

⬆ 长角赤虾

⬆ 捕获的长角赤虾

⬆ 出售的细点圆趾蟹

细点圆趾蟹栖居在水深10～60米的沙质、泥沙质或者碎贝壳质的海底，喜沙、爱沙，你也可以叫它"沙蟹"。细点圆趾蟹在我国黄海、东海均有分布，以东海数量最多，我国钓鱼岛海域也是细点圆趾蟹的重要产区。同时还分布于日本、澳大利亚、新西兰沿海及印度洋等。3～6月是捕捞的黄金月份，这时就可以吃上新鲜的细点圆趾蟹啦。

⬆ 细点圆趾蟹

东海北部近海是细点圆趾蟹的主要聚集地，细点圆趾蟹也是这个渔场的优势种，资源密度最高的还要数大沙渔场和长江口渔场了。冬春季，这里细点圆趾蟹的数量最多！四个季节中大部分季节，细点圆趾蟹都待在东海北部近海，它们在这儿产卵，也把这儿当作幼蟹的肥育场。细点圆趾蟹为什么喜欢这里？——因为这个海域也是浮游动物、底栖生物的高密度分布区。有了这么多"新鲜食物"，这里当然成为细点圆趾蟹的"首选"。不夸张地说，细点圆趾蟹曾经是东海蟹类群落中最重要的种类，在生态层面上，牵一发而动全身，它的数量变化甚至对全年蟹类资源量的变化具有决定性意义。

东海南部近海也有一个细点圆趾蟹小渔场，但不像北部近海，呈现稳定的"居住量"，在这里，从冬季到夏季，细点圆趾蟹的资源密度是逐渐增大的，夏天达到"顶峰"。就细点圆趾蟹这种经济蟹类来说，这片海域只能称得上是有潜力的"蓝筹"渔场。此话怎讲？由于这个渔场水较深，海底环境也比较复杂，所以，到现在为止，这个渔场的充分开发还在探索之路上。

细点圆趾蟹有渔业资源"优等生"的潜力。首先，它生长周期短，世代更新快，当年蟹和一岁的蟹都可以捕捞。其次，细点圆趾蟹生长速度快，当年春夏出生，秋冬季就可以成长为捕捞群体。最后，它的生殖力很强大，资源补充迅速，这样一来的好处便显而易见——能承受较大的捕捞压力，镇得住"台面"。

在中国，细点圆趾蟹资源最丰富的地方非东海莫属，它也是目前东海蟹类中群体数量最大、资源密度最高的一种食用蟹，数据来说话——它的蕴藏量能达到8万吨以上，资源开发光明在前。

东海宝"贝"

从寒冷的高纬度到热带的赤道地区；从高山、平原到海洋的深渊；从温泉、溪流到河川、湖泊等，到处都有贝类的踪迹。贝类是自然界生物中仅次于昆虫类的第二大族类。东海生活着各种各样的贝类生物，其中就有泥蚶和乌贼，它们是著名的滋补佳品和佐酒名菜。

● 泥蚶

泥蚶是我国的传统养殖贝类，以味道而论，最好吃的是浙江泥蚶，柔嫩多汁、咸淡适宜。蚶肉可以用于食疗，具有补益气血、健脾益胃、散结消痰的功效，还可以制酸止痛，可用于治疗胃痛泛酸。

泥蚶的贝壳很厚，两壳对称，像个圆球。壳面有瓦垄状的放射肋18～20条，肋上的颗粒状结节就像屋脊上的瓦垄，所以江南一带叫它"瓦垄蛤"。

风平浪静、潮流畅通之处是泥蚶最喜欢的地方，如果是稍有淡水注入的中低潮海区泥沙滩那就更好了。泥层下1～3厘米的地方，只用两个手指头就能捕捉到它。泥蚶用足掘出洞，把其前端部分埋到泥里。如果海况不适，依靠斧足的伸缩在泥面上作短距离的匍匐运动，但是运动方向不规则，一旦碰到障碍物就会改变方向或者潜到泥土里。

⬆ 泥蚶

这小家伙运动能力很差，一般情况下，它是不会爬到洞外面的。如果遇到严寒天气，就紧闭双壳，封闭涂面的水孔，叫"封窝"。如果条件好转，又重新在涂面上形成水孔，叫"开窝"。泥蚶不能主动捕食，只能整天"宅"在壳里，靠滤食生活。当涨潮时，泥蚶就微微张开双壳，靠着鳃内纤毛的运动激起水流，经鳃过滤食物。

想吃到新鲜有营养的泥蚶，就要学会鉴别泥蚶。初上市的泥蚶，从泥滩中捕捞的，外壳涂满湿污泥；从沙滩中捕捞的，也有湿沙沾壳。新鲜的泥蚶双壳往往展开，用手拨动它则双壳立即闭合。如外壳泥沙已干结，说明捕捞的时间较长。不新鲜的泥蚶，烫熟后味道不鲜美，有的还有异味。如在一盆泥蚶中，发现少量有异味、臭味的泥蚶，说明是不新鲜的。有人为了品尝美味，就喜欢吃半生半熟的泥蚶，但这种吃法是很危险的。因为泥蚶中可能有从海水中吸收的细菌或者病毒，未经煮熟而食用，就有食物中毒的危险，甚至发生感染肝炎的可能。因此，为安全起见，最好不要食用半生半熟的泥蚶。

● 栉江珧

"驼峰擅西北，瑶柱夸东南"，这瑶柱说的就是栉江珧的闭壳肌。自古以来便从不缺少对这海味珍馐的赞美："江瑶如蚌而稍大……长四寸许，圆半之，白如珂雪，一沸即起，甘鲜脆美，不可名状。"我国东南沿海的古人从海边采捕贝蛤，发现了一种贝，它的贝肉没有特殊味道，但是闭壳肌却格外鲜美，因此给这种海贝起了一个美丽的名字——栉江珧。珧者，玉也。

栉江珧有个特点，它的贝壳特别大，一般得有30多厘米长，壳长得像直角三角形，壳顶又尖又细，位于壳的最前面，腹部边缘前半部分较直，后半部分逐渐突出。栉江珧小时候壳

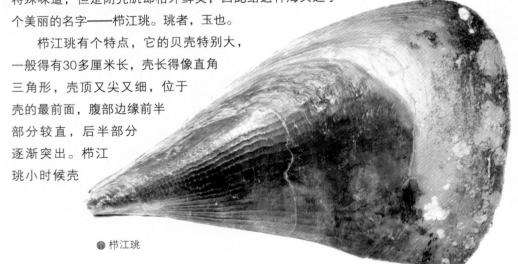

↑ 栉江珧

大多是白色或者浅黄色，长大之后就变成浅褐色或者褐色了。壳上有生长轮，壳顶部常常被磨损而露出珍珠光泽。

栉江珧通常生活在潮间带到水深20米海域的砂泥底质中，喜欢将背侧后方的尖端插入砂泥中，过滤水中浮游生物来吃。

印度洋和太平洋是栉江珧的"母亲海"。它分布较广，形态变异也大，所以给分类带来了一点麻烦，有研究者曾尝试利用形态特征和同工酶等进行分析，认为栉江珧可能存在隐存种。但由于样品数量及分析手段有限，有关栉江珧群体的分类地位、遗传分化及演化背景等仍未研究清楚。中国海洋大学水产学院贝类遗传育种实验室的研究者通过大规模采样和系统分析，研究了中国沿海栉江珧群体的遗传分化及演化历史。通过多基因及形态特征分析，发现栉江珧群体中存在5个遗传分化较大的进化支系，并且各自大致对应于一种形态类型。其中一个进化支系在黄、渤海及东海上表现出较高水平的基因流，其他四个支系主要分布在南海，表现出强烈的遗传分化。

栉江珧的闭壳肌特别发达，大概占体长的1/4、体重的1/5，并且味道鲜美，受到美食界的推崇。

《玉食批》转引过宋朝皇室司膳内人所开列的食单，其中就有江珧柱制成的馔品。大臣张俊盛宴迎接宋高宗时，摆了一

海中的栉江珧

桌子美味佳肴，其主菜中就包含"江瑶生"、"江瑶炸肚"两款菜品。连苏东坡这位诗人兼美食家也在《和蒋夔寄茶》这首诗里提过江珧柱——"扁舟渡江适吴越，三年饮食穷芳鲜。金齑玉脍饭炊雪，海螯江柱初脱泉。"

古人认为明州（又叫四明）沿海是江珧柱的最佳产区，明州是哪儿呢？就是现在的宁波。"四明海物，江珧柱第一，青虾次之。"古代宁波不仅采捕野生栉江珧，还会进行人工养殖。周必大写诗歌描述过："东海沙田种蛤珧，南烹苦酒濯琼瑶。馔因暂弃常珍变，指为将尝异味摇。珠剖蚌胎那畏鹬，柱呈马甲更名珧。"

由于近年的大量捕捞，野生栉江珧锐减，根据《福建省重点保护野生动物名录》，它已经成为福建省重点保护的水上野生动物。

● 虎斑宝贝

在福建南部、台湾等沿海地区，生活着一种巨大的"宝贝"，它的贝壳十分光滑，点缀着大小不同的黑褐色斑点，像极了老虎的皮，这也是它名字的由来。身披"森林之王"的斑纹，让它特别与众不同，以前去南海的沙滩游玩，总要带回来一个虎斑宝贝的壳作为纪念，但是如今，它的数量急剧下降，已经成为国家二级保护动物。

"咔嚓，咔嚓"，来给虎斑宝贝拍个照，你会发现，它的壳较大，呈卵圆形，色泽浓淡因生活环境不同而异，一般呈白色或淡黄色。腹部中凹，呈乳白色。壳口下扬，前部稍宽，微曲，外唇肥厚，边缘齿较粗，20~30枚，内唇齿较细，22~26枚，中间者排列较密。壳质坚厚，外套膜不断分泌的珐琅质让虎斑宝贝的外壳光滑闪亮，圆润有光泽。

别看它穿着老虎的斑纹外壳，虎斑宝贝还是很"胆小"的。平时栖息在低潮线以下水深1~10米、有岩礁或珊瑚礁的海底，畏惧光线，行动迟缓，白天睡觉，晚上才出来活动，吃点孔虫、海

● 海中生活的虎斑宝贝

⬆ 虎斑宝贝

绵、小型甲壳动物等充充饥。活动时外套膜向外伸展将贝壳包住，其上生长着许多色彩鲜艳的触手，犹如海洋中盛开的鲜花。原来"勇猛"不是它的特长，美丽才是。

　　虎斑宝贝最害怕的还是它的天敌——海胆，海胆的刺棘有毒，一旦刺到虎斑宝贝，它很有可能就"一命呜呼"了。

　　在古代，人们还没有制造出用来买物品的钱币，便把宝贝作为流通货币，根据贝壳的大小和优劣来确定它的价值。这么说来，以前如果你有很多虎斑宝贝，就等于你很有钱。你知道吗？我们写的汉字"贝"就是按照"宝贝"的形状创造出来的。你看，到现在了，人们还将珍奇的、重要的东西称为宝贝，"宝贝"的历史真是源远流长。

宝贝是什么？

　　宝贝是生有一个壳的单壳贝类，我国沿海已发现的有40多种，大部分生活在热带和亚热带的海洋里。它们的壳一般近于卵圆形，壳面非常光滑，犹如人工制造出来的艺术品。

● 乌贼

乌贼是什么？——就是一种不仅能像鱼一样在海中快速游泳，还有一套放"烟幕弹"绝技的贝类。乌贼身子软软的，为什么和扇贝一样是贝类呢？这是因为在乌贼身子里藏着一个船形石灰质的硬鞘。这个硬鞘就是乌贼的壳，乌贼特殊的身体构造使它获得了快速游泳的能力，为了适应这种游泳方式，在长期演化的过程中，乌贼的壳便渐渐退化，然后被埋在皮肤里了，功能也从保护转化为支持。这种"体内壳"又叫"海螵蛸"，还能入药呢！

浙江中南部、福建东部的台湾暖流和沿岸水交界的混合水区是东海乌贼的越冬场。到了三四月份，东海乌贼们便随着东南季风和台湾暖流的涌动，从越冬场向西、向北作近岸生殖洄游。到了浙江沿海的岛礁（大陈、鱼山、中街山列岛和马鞍列岛）附近，乌贼们开始产卵，产卵之后就会大量死亡。六七月份，产卵场就有10毫米左右长的小乌贼出现了，7~9月份，小乌贼们在浅水区吃些浮游生物，可以长到鸡蛋那么大，或者更大些。10月份之后，沿岸水温不断下降，台湾暖流也逐渐减弱，乌贼向东南深海区作洄游，进入越冬场越冬。

东海适宜的生活环境吸引了乌贼在这里聚居。这里的乌贼渔获量曾经占到全国产量的七八成。20世纪60年代，东海区的乌贼年均产量最高。曼氏无针乌贼是东海乌贼中产量最高的一种，生产较好的年份产量可达6万~7万吨。东海乌贼还有浙北群和浙南、闽

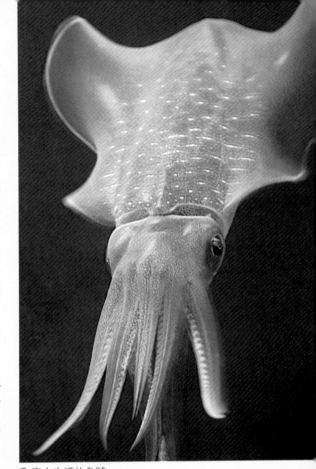

⊕ 海中生活的乌贼

⊕ 乌贼

东群之分。浙北群乌贼的内壳厚度、宽度、重量及纵剖面面积都较小，虽然个体小但是比较肥，群体数量大且相对稳定，每年在长江口至瓯江口一带产卵，年均产量3万余吨。

如今，要问谁能登得东海经济乌贼优势种的"头把交椅"，那就要把金乌贼和神户乌贼的名字列到前面，它们已经代替曼氏无针乌贼成为资源最丰富的种类，是东海"新晋"的捕捞优势种类。金乌贼从东海北部到福建省沿海的数量明显上升，同时福建至浙江南部沿海的虎斑乌贼、拟目乌贼等的数量也均明显增加。

近些年来，东海的乌贼产量起起伏伏，并呈现下降的势头。拿上海市来说，乌贼的产量并不稳定，1958～1982年这段时间的年产量，最多时可以达到4500吨，最少时甚至能跌到200吨左右。浙江省的曼氏无针乌贼渔获量曾达到上万吨。但是随着海洋污染问题等的发生，加上乌贼产卵的生态环境遭到破坏，原来在象山海域乃至整个东海内生活的乌贼资源量严重衰减。

🔻 乌贼

在乌贼资源衰减的严峻形势面前，保护性捕捞就显得十分重要。怎样才能算保护性捕捞呢？——实行严格的休渔期，同时控制捕捞强度，保护幼乌贼资源，增加乌贼自然增殖保护区，开展人工苗种的放养等等，都是保证乌贼捕获稳产、高产的有效措施。而在目前的形势面前，东海渔业产量并不稳定，面临着捕获量变小的问

乌贼的价值

乌贼可食部分约占总体的92%，每百克肉含蛋白质13克、脂肪0.7克，以及丰富的钙、磷、铁，可加工制成罐头食品或干制品。乌贼的干制品在南方叫螟蜅鲞，北方叫墨鱼干。雄性生殖腺干品叫乌鱼穗，雌性缠卵腺制品叫乌鱼蛋，乌贼骨即中药海螵蛸。乌贼体内分泌的墨汁更含有一种黏多糖，实验证实具有一定程度的抑癌功效。在我国台湾北部、宜兰、台东等沿海地区，当地人吃海鲜时多会点一道清蒸乌贼或软丝，墨汁通常拌面吃，美味又防癌。

题。针对这样的问题，除了通过捕捞来保证市场供应量，还要从养殖入手，打开突破口，找寻希望。

在日本等国家对曼氏无针乌贼的繁殖和养殖都没有突破性进展时，我国已经成功地对曼氏无针乌贼的繁殖生物学、乌贼亲体的越冬技术、升温人工育苗技术等进行了系统的研究，一步一个脚印地探索出了曼氏无针乌贼苗种培育方法。2003年，我国科研机构在曼氏无针乌贼人工繁殖与养殖技术上获得突破，连续两年全人工培育出4代乌贼幼苗20多万只，被培养出来的这些幼苗被温州、台州及福州等地的养殖户抢购一空。实验基地培育出的曼氏无针乌贼苗种被投入东海象山、舟山海域的"怀抱"。

● 太平洋褶柔鱼

说"褶柔鱼"你可能不知道这种鱼长什么样，但是说"鱿鱼"你可能就恍然大悟了，这太平洋褶柔鱼就是头足纲鱿科家族的成员。太平洋褶柔鱼的胴体呈圆锥形，后部明显瘦凹，

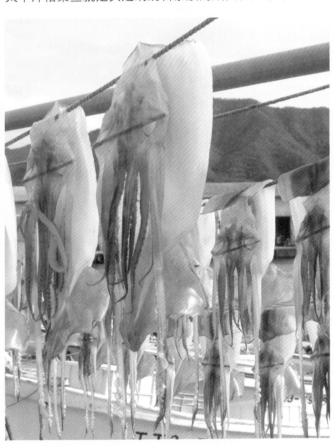

胴长是胴宽的4~5倍，身体表面有些大小相间的近圆形色素斑；胴背中央的褐黑色宽带延伸到后端，头部背面左、右两侧和无柄腕中央的色泽，也近于褐黑。

太平洋褶柔鱼是一年生、暖温大洋洄游性动物，主要栖息在岛屿周围、半岛外海、海峡附近、陆架边缘那些砂砾、碎贝壳混杂的场所。太平洋褶柔鱼生性凶猛，食肉，磷虾、沙丁鱼、鲭鱼等都能成为它的"囊中之物"。

太平洋褶柔鱼在春、夏、秋三个季节主要分布在东海北部外海，冬季主要分布在东海南部外海，台湾海峡只在夏季有极少量的分布。

在东海，太平洋褶柔鱼有自己的洄游路线：它的产卵场主要

🔼 太平洋褶柔鱼

集中在东海外海，春季幼鱼向西北或西洄游，5~7月份到舟山渔场、江外渔场和舟外至长江口渔场一带找食物，夏季继续向北洄游到黄海找食物，有的可以到达海洋岛渔场，期间可在黄海北部外海形成鱼汛，秋末向南洄游，冬季到东海北部外海以及东海南部产卵。在水平洄游过程中，还有垂直活动，白天多在中下层，晚间多在中上层。太平洋褶柔鱼的幼鱼则有栖居表层和中上层的习性。

东海太平洋褶柔鱼的聚居渔场主要有两个地方，一个是长江口及其邻近渔场，这个渔场的太平洋褶柔鱼数量是从20世纪80年代才逐渐增多的，渔期是5~7月份，一般网产数十箱，少数产100~200箱。但汛期短，渔场不容易掌握，产量年间变化大，一般为1000~2000吨，产量好时能达到3000~4000吨，也可能无渔获。另一处是对马渔场，这个渔场是东海太平洋褶柔鱼的主要分布区，7~11月是它的渔期，有的年份甚至可延长到第二年1月，9~10月份最为旺盛。

太平洋褶柔鱼营养丰富，不管是鲜品，还是干品都很受市场欢迎。尤其是近几十年来，主要传统经济鱼类资源先后衰竭，头足类渐渐放出异彩。在东海进行的头足类资源专项调查以及渔业资源动态监测调查表明：太平洋褶柔鱼近年来已经取代曼氏无针乌贼，成为东海头足类优势种之一，开发潜力很大。

01 东海生物万象
East China Sea Creatures

东海 "珍品藏"

　　东海蕴藏着丰富的生物资源，其中不乏珍贵品种。拥有"自制炮弹"本领的短尾信天翁"为风而生"，全球仅剩几处繁殖地，而中国东海的钓鱼岛就是其中之一；"海和尚"江豚是长江的"活化石"和"水中大熊猫"，长江江豚濒危，种群数量不断减少；穿"皮衣"的海龟之王棱皮龟是世界上最大的龟，它和生产龙涎香的潜水纪录保持者抹香鲸一样，也正面临着生存威胁；中华白海豚等也从常规物种，升级为珍稀动物。是东海，依然在守护着这些珍贵的"活化石"。

东海 "贵族"

　　东海辽阔的海面下蕴藏着丰富的海洋生物，它们有的个体小但数量大，有的长相奇特而富有海洋的神秘色彩，更有着海洋生物中的华宗"贵族"。这些东海中的"贵族"以其珍贵的价值和稀有的数量著称。这里有"鱼王"中华鲟，"脊椎动物起源的钥匙"文昌鱼，"贵如黄金"的黄唇鱼。

中华鲟

　　有一种原始硬骨鱼类，曾和恐龙同处一个时代，距今已有1.3亿多年的历史。它是研究鱼类进化的活化石，和大熊猫一样具有重要的学术研究价值，它就是中华鲟，我国的特产珍稀物种，国家一级保护动物。

　　个头不小的中华鲟为白垩纪古棘鱼的后裔，一般体长能达到2米左右，体重约200千克。中华鲟虽然个体庞大，但却摄食"斯文"，只以浮游生物、植物碎屑为主食，偶尔吞食小鱼、小虾。

　　你可以在它的身上看到许多遗留下来的原始特征，比如全身的骨骼大部分是软骨，体表有硬鳞，尾为歪形，有吸水孔，肠的里面有一个接一个的漏斗状螺旋瓣等。但也

中华鲟的价值

　　中华鲟有很高的经济价值。它的皮可制革，鳔含有丰富的胶质，可配制漆料，还是上好的药材。中华鲟的肉味道鲜美，脊椎骨、鼻骨等都是餐桌上的美食。体表的硬鳞是制作工艺品的材料。它的鱼卵最为名贵，用鲟鱼卵制成的"鱼子酱"，含脂量极高。

有一些现代硬骨鱼的特点，如具少数硬骨，有鳃盖，有较大的、仅有一室的鳔，繁殖为体外受精等。所以，它是介于软骨鱼与硬骨鱼之间的一个过渡性类型，称为软骨硬鳞鱼类，在鱼类的起源和演化历史的研究中有着重要的科学研究价值。

中华鲟为世界27种鲟属鱼类之首，平时，中华鲟栖息于北起朝鲜西海岸，南至中国东南沿海的沿海大陆架地带。

在中国近海以及长江、珠江、闽江、钱塘江、黄河等江河海洋曾经都能找到中华鲟的踪迹，但是如今，它在黄河、钱塘江已经绝迹，闽江口偶尔可以见到，珠江里面的数量非常少，长江是它最后的"伊甸园"。亲鱼从近海洄游到长江上游的金沙江一带产卵，孵化出的鲟苗顺流而下，漂游入海，10年后，幼鲟长大了，又追寻它们童年的足迹，从大海返回长江上游寻根产卵。

中华鲟在长江里要溯游3000多千米，到达金沙江下段，在四川省宜宾市往上的600千米的江段里繁殖。生殖季节在10月上旬至11月上旬。鲟鱼卵受精后被江水冲散并黏附在江底的石头上，一星期后孵出幼苗。幼鱼随江水漂游而下，第二年7月份到达长江口，进入海洋生长发育，待长大后再回到它的出生地繁殖下一代。

🌀 中华鲟生存环境：长江三峡

中华鲟繁殖力虽然很强大，1尾雌中华鲟的怀卵量为30万~130万粒，但是产出的卵有90%以上被黄颡鱼等吃掉，能够活下来的那一点点都是掉在石头缝里的。长江水流较急，中华鲟的卵在动荡的水浪中进行受精，自然受精不完全，这就淘汰了一批鱼卵。受精卵在孵化过程中，或遇上食肉鱼类和其他敌害，或"惊涛拍岸"，又要损失一大批。即便孵成了小鱼，"大鱼吃小鱼"，还会有一定的损失。如此"三下五除二"，产的鱼卵虽多，能"长大成鱼"而传宗接代的鱼却不多。实际上，这是动物在进化过程中生殖适应的结果。不过中华鲟生命力很强，小鱼苗一旦孵出，就会赶紧往水面上漂，然后游到水很浅的地方。

中华鲟似乎知道产卵有危险，长大成熟能够再回来繁殖的个体只占出生总数的2%~3%。

　　凡在个体发育过程中幼子损失大的种类，产卵则多；反之则少。这不是"上帝"的安排，而是那些产卵少、损失又大的种类在历史的长河中被淘汰了。

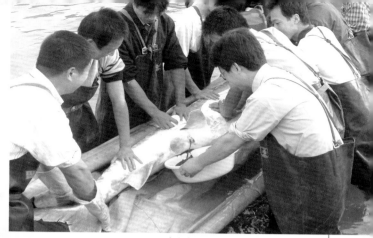

↑ 中华鲟人工繁育

↑ 中华鲟鱼苗

↑ 中华鲟

中华鲟非常名贵，外国人也希望将它移居到自己国家的江河内繁衍后代，但中华鲟总是恋着自己的故乡，即使有些被移居海外，也要千里寻根，洄游到故乡的江河里生儿育女。在洄游途中，它们表现了惊人的耐饥、耐劳、识途和辨别方向的能力。

中华鲟自力更生、坚忍不拔的个性，特别符合奥运精神。所以，宜昌市中华鲟研究所，曾经有人申报中华鲟为2008年北京奥运会吉祥物，并在当时得到宜昌万人签名的支持。

中华鲟又叫"腊子"，"千斤腊子，万斤象"说的就是中华鲟。在20世纪70年代以前，长江流域每年的捕捞量为50千克以上的个体在400~500尾，产量在60~80吨之间。20世纪80年代后，中华鲟产卵群体中性别比例严重失调，雌、雄比已达到3：1甚至5：1。中华鲟雄性亲鱼精子活力也逐年下降，这可能与长江水质污染有直接关系。

⬇ 中华鲟产卵环境：金沙江

⬆ 保护中华鲟

据不完全统计，从2007年1月18日至5月27日4个多月的时间里，长江干流及河口区域共有10条3米以上中华鲟被人类伤害，仅有一条经抢救活下来，真是"九死一生"。而造成伤亡的主要原因是船只的螺旋桨。中华鲟浑身是宝，所以过去一直遭到捕捞。为保护和拯救中华鲟，国家采取了严厉的保护措施，禁止捕杀中华鲟。

中华鲟是研究鱼类演化的重要参照物，在研究生物进化、地质、地貌、海侵、海退等地球变迁等方面均具有重要的科学价值和难以估量的生态、社会、经济价值。但由于种种原因，这一珍稀动物已濒于灭绝。保护和拯救这一珍稀濒危的"活化石"对发展和合理开发利用野生动物资源、维护生态平衡，都有深远意义。如今，我国中华鲟人工繁殖已获得成功，并已开始人工养殖和人工放流；但中华鲟的处境依然危险，对它的保护还需要全社会长期的共同努力。

东海文昌鱼

有一种鱼肉质鲜美，吃起来又香又甜，鱼肉中蛋白质含量达70%，而且含有多种无机盐，它就是文昌鱼。18世纪以前，文昌鱼在欧美人眼中是名贵食材。因为地中海、北美洲等沿岸海域出产的文昌鱼特别少，而且没有渔场，更显得稀有而珍贵。直到1923年，时任厦门大学教授的美国生物学家莱德考察厦门同安县刘五店海域时，才发现世界上稀有的文昌鱼在这里竟然如此繁盛！

以前，厦门人吃文昌鱼，除了用干品当下酒菜，还可以熬汤。据地方志记载，烹调文昌鱼的最佳方法是把文昌鱼放在锅里加生油焙干。厦门的刘五店海域一度是世界上唯一的一个文昌鱼渔场，已有300多年历史，被科学界认为是生物界的一大奇观，至今，国内外许多有关文昌鱼的研究大多是取材于厦门。

文昌鱼是一种对"居住地"要求很高的鱼种。如果栖息地的底质及水质环境差强人意，或者人为破坏造成栖息地环境改变，都有可能让文昌鱼种群从人们的视野中消失。举一个例子，刘五店渔场曾经年产60万吨文昌鱼，但是高集海堤一修建，文昌鱼就不见了踪影。文昌鱼资源减少，但是对它的需求量却并未减少。文昌鱼是东南亚一带的传统食品，商业性捕捞大军涌入了文昌鱼资源丰富的东海，两相夹击，文昌鱼怎能不受威胁？

⚫ 文昌鱼

如今，文昌鱼已经拿到国家的"保护卡"，是国家二级保护动物。要保住文昌鱼的基因库，一要保护，另一个就是养殖，这是几代科研人员的梦想。20世纪30年代，文昌鱼的人工繁殖研究工作就开始了。2000年4月4日国务院批准建立了厦门海洋珍稀物种国家级自然保护区。2005年，80万尾文昌鱼鱼苗首次大规模地人工放流，一尾一尾文昌鱼苗，就是一线一线的希望。2013年3月厦门市海洋与渔业局发布的《2012年厦门市海洋环境质量公报》中传来喜讯，黄厝海区和南线-十八线海区文昌鱼平均栖息密度和平均生物量均高于2011年和2010年。相信随着保护力度的加大，再加上养殖技术的提高，文昌鱼不会成为"化石"，而是会和人类一道在地球上繁衍生息。

黄唇鱼

在中国东海海域，有一种极富传奇色彩的鱼，称为黄唇鱼。美国一家媒体公布了世界九大最贵食物，黄唇鱼便名列其中。黄唇鱼全身都可入药，具有重要的医用价值和经济价值。尤其是鱼鳔（俗称"鱼胶"）非常珍贵，素有"贵如黄金"之说，市面上一条80千克的黄唇鱼曾卖出过300万元天价。黄唇鱼的肉并没有想象中的鲜美，被天价购买，主要是"黄金鱼鳔"的"功劳"。黄唇鱼的鱼鳔上面粘有肥厚的胶原蛋白，以金黄色、鲜艳、有光泽和鼓状波纹者为上品。黄唇鱼的鱼鳔可制成中国传统的"鲍参翅肚"中的"肚"，被认为是最上等的花胶。

在卖黄唇鱼的时候，都会将鱼肉和鱼肚分开来卖。鱼肉0.5千克卖给高档酒店，价格可达到2000~3000元。鱼鳔和鱼头就作为药材卖给药材商和药店，黄唇鱼的鱼鳔即使是用同等质量的黄金也难以购买到，所以广东一带叫它黄金鱼一点也不为过。

黄唇鱼属于中国特有种，是国家二级保护水生野生动物，只可以在中国东海和南海找到，在水深50~60米的近海海区找到它的概率更大。从黄唇鱼的体型来看，有两种。一种是大鸥或大头黄唇鱼，大多栖息在水深10米以上的较深海域；另一种叫白花或尖头白花，栖息于

黄唇鱼鱼鳔制成的鱼胶

⬆ 黄唇鱼

何为"花胶"？

花胶即鱼肚，是多种鱼鳔的干制品，以富有胶质而著名。含有丰富的蛋白质、胶质等，食疗滋阴、固肾培精，可令人迅速消除疲劳，对外科手术病人伤口也有帮助愈合之效。

河口海域咸淡水的中上层。两者的主要区别就在它们的头部，大鸥头钝、白花头较尖。东莞海域的大鸥较少见、白花较多。

黄唇鱼全身闪耀着金色光泽，体背侧是棕灰带橙黄色，身体的表面有着很多横向的不间断的黑线，腹部的一侧为灰白色。胸鳍往上往往会有一个黑斑，背鳍及周边为黑色，尾巴呈现灰黑色。搁浅在海滩上的黄唇鱼，远远望去就像一个小孩躺在海边，因为成年后的黄唇鱼体长能达到1~1.5米，有的甚至能长到1.65米，体重达到70余千克，张开的鱼嘴几乎可以塞进一个篮球。

黄唇鱼是肉食性鱼类，小型鱼类、虾、蟹等都是它的"果腹之物"。它喜欢逆流而上，讨厌强烈的光线，所以和在清水里相比，它更愿意在浑水里待着。每年3~6月份会向沿岸洄游，产卵繁殖，在这个时间段里，因为它的鱼鳔里的空气振动，黄唇鱼会在水下传出动听的声响，时强时弱，像音乐一样婉转，周围海区都能听见它的美妙"歌声"。

"物以稀为贵"，以前温州沿海各地常有黄唇鱼捕获，南麂列岛也是黄唇鱼的故乡，据统计，1965~1980年就捕获过20余条。20世纪90年代，苍南肥艚镇渔民还捕到过黄唇鱼。近十年来，温州已罕见黄唇鱼的踪迹，其他海域也是寥寥无几。由于数量稀少，加上沿海各地过度捕捞和海洋环境污染加剧，黄唇鱼目前正濒临灭绝。

东海"小巨人"

东海广阔，濒临太平洋的地利，使得海中的"小巨人"不期而至。"巨无霸"抹香鲸，"美人鲸"中华白海豚，"微笑天使"江豚，它们虽然身体庞大，却也"温柔"。这些"小巨人"大多在深海中、在大洋深处捕食、生活、生长，但它们也常常会来到东海寻觅它们的食物，或到近海来捕食。当然也有一些个体，因为种种不明的原因，会在近海搁浅。种种疑团，有的至今未解。下面就让我们通过图片和文字的阐述，一同领略这些"小巨人"的风采吧。

抹香鲸

传说中龙涎香是龙吐出来的唾沫，真是这么回事吗？——其实不是的，生产龙涎香的是我们的海上"巨无霸"抹香鲸。在温暖的海区能找到抹香鲸，极少数不怕冷的抹香鲸能游到北极圈里。在我国，抹香鲸在东海、黄海、南海畅快地游上游下，一个猛子扎下去，就潜到了几百米甚至上千米深的地方，是当之无愧的"潜水冠军"。

抹香鲸长得真奇怪，头重尾轻，好似一只巨大的蝌蚪。这只"超级大蝌蚪"有多大呢？——体长18~25米，体重20~25吨，最大的有60吨，它的头竟然占了全身长度的1/3，像是顶了个大箱子一样。这个大头可是世界上所有动物里最大的脑袋，它不是白长的，在里面有一个特殊的鲸蜡器官，抹香鲸用它来减轻身体的相对密度，增加浮力。鲸蜡经过压榨洁净后是白色无味的晶体，变身为工业原料，可以制成蜡烛、肥皂、医药和化妆品，还可以提炼高级润滑油。对于抹香鲸来说，鲸蜡器官还是它的导航器，有着极其灵敏的探测系统即声呐功能，能发出超声波的嗒嗒声，抹香鲸听到回音后就可以在漆黑的深海寻找食物了。这倒是弥补了抹香鲸小眼睛的缺陷，让它在黑暗中也能游刃有余。

抹香鲸的潜水能力

抹香鲸和人都是用肺呼吸，而人只能屏气1~2分钟，潜水深度不超过20米，即使在潜水前呼吸几分钟纯氧，最多也只能潜到70多米深，和抹香鲸相比，真是不值一提。

🔽 抹香鲸

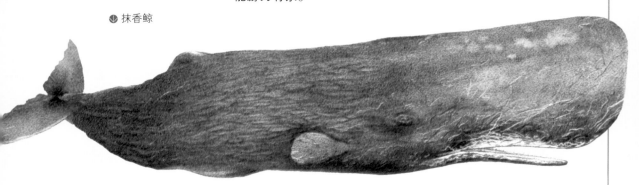

🔺 抹香鲸

　　特别爱吃肉（枪乌贼和章鱼）的抹香鲸上颌竟然没有牙齿，只在狭长的下颌上长了40~50枚25厘米左右长的圆锥形牙齿。抹香鲸虽然有两个鼻孔，但是右鼻孔是阻塞的，它负责与肺相通，是抹香鲸的空气储存箱；左鼻孔呢，就和头顶的喷水孔相连，这样它呼吸时喷出的雾柱就以45°角向左前方倾斜。

　　在水深2000~3000米的地方，漆黑一片，伸手不见五指，寒冷刺骨，压力相当于大气压的300倍，人如果没有任何保护措施就会血管爆裂而死。你能想象吗？抹香鲸能屏气一个小时到达这里，而且出入自如。

　　为什么抹香鲸能做到呢？斯科兰德的科学家于1940年创立的"肺泡停止交换学说"这样解释：鲸类在潜水时，胸部会随着外部压力而进行调节。压力大时，肺部会随着胸部的收缩而收缩，因而肺泡就不再进行气体交换，防止氮气自然溶解到血液中去。

　　龙涎香并不是龙的唾液，而是抹香鲸的肠道分泌物，刚取出来的龙涎香有恶臭，但神奇的是，过一段时间，就能闻到一种清新而温雅的特殊动物香气，既有麝香气息，又微带海藻香、木香和苔香，有一种特别的甜气和说不出来的"动情感"。其留香性和持久性是任何香料无法比拟的，留香时间比麝香长一倍，作为固体香料可保持香气长达数百年，历史上就流传着龙涎香与日月共存的佳话。据说在英国旧王宫中，有一房间因涂有龙涎香，历经百年风云，至今仍在飘香。

抹香鲸的明天并不光明，根据国际捕鲸委员会的统计数据，即使是在理想的环境下，抹香鲸族群的增长率仍然十分低，每年不到1%。

抹香鲸面临着诸多威胁，比如抹香鲸会因为被捕鱼用具缠住而死去，或是与船只发生碰撞而死去。在它们的鲸脂中还发现了化学污染物，抹香鲸体内的污染级别为中度，而近海岸的齿鲸以及须鲸受污染更为严重。声音是它们辨识方向的依赖物，而如果出现噪音污染，便又成为它们的另一个威胁。海运、水下爆破、地震勘探、石油开采、军事声呐演习，以及海洋学实验等都让水下世界危险丛生，可怜的抹香鲸却无力去面对这些危险。再加上20世纪捕鲸浪潮的掀起，造成每年多达3万头抹香鲸的死亡，抹香鲸的现存量已经由原来的85万头下降到43万头。

再大块头的动物，在人类面前也是弱者，也需要我们的保护。

英国男孩拾获龙涎香

据英国《每日邮报》2012年8月29日报道，英国8岁男孩查理·奈史密斯近日在伯恩茅斯附近的海滩玩耍时，发现一个重600克的龙涎香。这件宝贝的总价值竟高达4万英镑（约合40万元人民币）

🔺 抹香鲸搁浅

🔺 抹香鲸搁浅

中华白海豚

风和日丽的日子里，在东海海面上，如果你有十二万分的幸运，会看到有中华白海豚在水面跳跃嬉戏。有时候，它会全身跃出水面一米多高。现在，性情活泼的中华白海豚数量锐减，和淡水中的白鳍豚以及陆上的大熊猫、华南虎一样，都是国家一级保护动物。

如果鲸类家族有选美比赛，那么中华白海豚一定能跻身前三名。它身体浑圆，体长一般为2~2.3米，呈现出优美的流线型体态，眼睛乌黑发亮，成年的中华白海豚全身都呈象牙色或者乳白色，有的还呈粉红色，背部散布的细小灰黑色斑点也让它多了些俏皮之美。幼年时的白海豚"皮肤"是灰色的，但是它们并不担心，因为"丑小鸭"终究是会变成"白天鹅"的。

与其他海豚不一样的是，中华白海豚不喜欢住在深海，而喜欢在浅水区域活动。在我国的东南浅海能找到它的身影，最北可达长江口，向南延伸至浙江、福建、台湾、广东和广西沿岸河口水域。

中华白海豚不仅容貌突出，智商也超群。它是高级哺乳动物，据专家称，它的大脑容量非常大，至少跟黑猩猩一样聪明。聪明的它性情温和，还喜欢与人亲近，有时会帮助渔民合围捕鱼。心地善良的白海豚还会出于"顶"的本能，帮助溺水的游泳者。它游泳的速度很快，有时能够达到12海里/小时。

中华白海豚"皮肤紧绷，没有赘肉"，其实这是表面现象，它的皮肤下有一层厚厚的脂肪，这样才能保温。它也挺能吃的，一顿能吃下7千克的食物，120~140枚牙齿排列稀疏，它

中华白海豚

⬆ 中华白海豚

⬆ 中华白海豚母子

们的功能不在于咀嚼，而是用于捕食。一般来说，它会一口吞下生活在海湾的小动物，如鲻科和石首科的鱼类以及乌贼和虾类等，中华白海豚不经咀嚼就会吞下去。

中华白海豚是我国香港的吉祥物之一。2007年11月15日世界自然基金会香港分会公布"我最喜爱海洋十宝"公众网上投票结果，此次网上投票为期4个月，选出最受欢迎的十种本地海洋生物。中华白海豚荣获"我最喜爱海洋十宝"第一位。

时光回溯到1637年，探险家彼得文迪途经我国香港、澳门和珠江口水域时意外发现"海豚百余，牛奶白或淡红色"，这是有记载以来第一次对中华白海豚的报道。1757年，瑞士人奥斯北则在他的船前看见了这种海豚嬉戏的场景，并给它们起了个名字——"中华白海豚"。

那时，中华白海豚的数量还较多。每年春天，在妈祖快过生日的时候，中华白海豚就会成群结队地来到厦门附近海域，渔民们觉得它们是为朝拜妈祖而来，所以又叫它"妈祖鱼"。20世纪60年代，厦门海域还能随处见到中华白海豚，但是20世纪80年代之后，福建厦门海域的中华白海豚已经不足100头了，广州雷州湾约300头，广东珠江口包括香港约2500头。从2003年到2006年6月，在珠江口已经发生了18起中华白海豚意外死亡的事件。

是什么在威胁着它们的生存？海上运输繁忙，船只频频撞死或者撞伤中华白海豚；珠江口的污染情况很严重；有时中华白海豚捕食的时候也会跟着渔船，抢食漏网之鱼，还有些胆大的会钻入渔网中，每年就会有不少中华白海豚被误捕而死亡。

如今，厦门市已经建立起了一个总面积为5500公顷的以保护中华白海豚为主的自然保护区。很多有志之士加入保护中华白海豚的队伍，他们奔走相告，呼吁保护，中华白海豚充满灵性，我们都不愿它在地球上消失。

江豚

江豚，既能栖息在温带和热带港湾淡水中，也能上溯江河，因而得名。这种小型鲸类光滑的背部让人们想到了和尚，所以它就有了"海和尚"的绰号。江豚嘴巴弧线向上，好像时时在向你微笑。如今"微笑天使"却正在遭遇生存危机，2006年，中国联合七个国家调查长江干流江豚，为1200多头，种群数量少于大熊猫。

江豚俗称江猪，其实和海豚一样，江豚属于水中的哺乳动物，鲸类的小弟弟，憨憨的模样还真有几分像猪。它的体长为120～190厘米，体重为100～220千克，头部钝圆，额部隆起稍向前凸起；江豚的头部较短，近似球形，额部稍微向前凸出，吻部短而阔，上下颌几乎一样长，吻较短阔；牙齿短小，左右侧扁呈铲形；眼睛较小，很不明显；体色差异较大，有黑褐色、灰褐色、灰色、灰白色乃至乳白色。大多数地区的江豚是灰色的，较老个体的体色一般较幼体浅一些，生活在长江的江豚呈很深的灰色。江豚没有背鳍，背部自体前2/5至尾鳍之间有不明显的隆起，隆起上有鳞状皮肤，但远远看去"皮肤"非常光滑。

江豚对环境的适应能力很强，一般不集成大群，它们比较喜欢有自己的空间，单独活动，有时也结成2~3只的小群一起游泳。作为哺乳动物，江豚用肺呼吸，在大风大雨到来之前，因江面起雾，气压变低，它们需要频繁地露出水面"透透气"，通过头顶上的气孔来呼吸空气。老渔民一看到江豚在江面上背脊一拱一拱的，朝风起的方向"顶风"出水，就知道大风或者暴雨要来，便迅速落帆入港，以防不测，渔民们称之为"江猪拜风"。

鱼类、甲壳类、头足类等，都是江豚的食物。江豚食性很广，在世界上很多地方都能找到好吃的，在西太平洋、印度洋，以及日本海和中国沿海等热带至温带海域，都会看到江豚

 江豚　　　　　　　　　　　　　　　　　　江豚

江猪拜风

清道光《洞庭湖志》载："江猪见则知风之顺逆。盖江猪出没起伏于水中，头向上则南风至，向下则北风至。舟人谓之拜风。"

的身影，它们喜欢在近岸海域活动，常聚集在有潮流冲击及咸淡水交汇的水域，其中长江江豚是世界上唯一的淡水江豚，在地球生活已有2500万年，被称为长江生态的"活化石"和"水中大熊猫"。

江豚脂肪油质优良，可以制成高级润滑油，肉可以食用，内脏以及各种腺体可以提取出多种药物和激素，综合利用价值很高。江豚的经济价值也让它成为猎杀的对象，与此同时，水污染、采砂、气候突变不仅损害了江豚的生存空间，而且它的食物也越来越少，让江豚物种的生存形势更加严峻。

"江豚体呈流线型，远古游来淡水鲸；物种濒危须保护，它和人类是良朋。"为保护江豚的生存，在长江水源污染的情况下，中科院水生生物研究所自1980年起两次从长江引进10只江豚到湖北省石首市长江故道天鹅洲自然保护区，它们适应环境，生活正常，于1995年产下5只小江豚。更可喜的是，有些船只会主动为江豚让道，就是为了避免伤害畅游的江豚。

🔹 江豚

海龟与海蛇

　棱皮龟背上穿"皮衣"，食道有"皮刺"，能上岸，能入海。海蛇的祖先原本是"陆上居民"，如今它再也不能上岸，而是以海为家。这是海洋的力量，这是自然的力量。

棱皮龟

　你知道地球上最大的龟是什么龟吗？——没错，就是棱皮龟。棱皮龟和蛇同属爬行动物，但是蛇是冷血动物，棱皮龟却是少见的温血动物，从热带到北极地区，它都能在7℃的水中维持25℃的体温。所以它能以海为家，在很多地方都留下过足迹。但是它还是更喜欢在温暖的地方生活，在我国的东海，像福建、浙江、上海沿岸海域，都可能见到棱皮龟的身影。

　棱皮龟的头部、四肢和躯体都覆以一层柔软平滑的皮革质皮肤，没有一般龟鳖类所具有的角质盾片，背甲的骨质壳由数百个大小不整齐的多边形小骨板镶嵌而成，其中最大的骨板形成7条规则的纵行棱起，棱面凹陷似沟。虽然它的背甲不坚硬，但是腹部却是骨化了的硬甲，有五条纵棱。

棱皮龟

🐢 棱皮龟

身穿"皮衣"，腹部有"护甲"的棱皮龟是龟中个头最大的，算得上是"巨型"龟，堪称"龟中之王"。棱皮龟的体长为200~230厘米，体重一般为100~200千克。据说最大的体长为250厘米，体重达300千克（也有达800千克的说法），这简直是好几个大力士的体重。

棱皮龟这么重，得吃多少东西呢？它可一点也不挑食，荤素都能吃，鱼、虾、蟹、乌贼、螺、蛤、海星、海参、海藻和海蜇等都吃，甚至连身上有毒刺细胞的水母它都不放过。有趣的是，它的嘴里没有牙齿，那它怎么吃东西？原来它的食道内壁上有大而锐利的角质皮刺，棱皮龟的牙长在食道中，来磨碎食物，然后再进入胃、肠，进行消化吸收。饲养记录表明，棱皮龟在人工饲养池中可以生活11年。

还记得《西游记》中那个驮着师徒四人过通天河的大龟吗？其原型很可能就是棱皮龟。棱皮龟有非常强的划水能力，在它的背上坐上两三个人，它照样可以轻松地游来游去。它之所以能够持久而迅速地在海洋中畅游，还要归功于它像船桨一样的四肢。

棱皮龟的价值

棱皮龟龟肉的脂肪比较多，可以用来炼油，它们的卵也可食用，是较好的滋补品。中医传统理论认为棱皮龟龟板、掌、胶，有滋阴潜阳、柔肝补肾、清火明目的功效。

⬆ 棱皮龟产卵

⬆ 棱皮龟仔仔回归大海

　　它的水性好，能四海为家，与它是温血动物有关，这让它能从温带、热带海洋区漫游到寒冷的阿拉斯加和大不列颠群岛等海域，每小时能游14千米以上。

　　另外，棱皮龟还有潜水的本事，在水下停留一昼夜甚至更长都是没有问题的；它的下潜深度也很惊人，竟然能潜到水下1000多米处。

　　如今，棱皮龟的生存也受到威胁，据美国杜克大学研究小组发表的海龟调查报告表明，在今后20年内棱皮龟有可能灭绝。一方面，棱皮龟经常把过往船只丢弃在海上的塑料袋误认为是水母吞下去，而大量的塑料袋在肠道内堵塞，最终因缺乏营养而死亡。据科学家统计，40%多的棱皮龟或多或少都有误食塑料袋的情况发生。另一方面，有的人，比如马来西亚人喜欢吃棱皮龟卵，每当棱皮龟产卵，人们就会去海边挖它的卵，这对棱皮龟家族来说是断子绝孙的行为。

　　棱皮龟已被我国列为国家二级重点保护野生动物，我们所能做的就是尊重每一个生命，保护好棱皮龟，不让悲剧发生。

海蛇

陆上有蛇，海里也有蛇吗？有的，全球有60多种海蛇呢！它们不仅可以在海中游泳，而且可以潜入水中长达数小时。

海蛇与陆上的眼镜蛇有密切的亲缘关系。海蛇的祖先原本是陆地"居民"，因陆地上的自然环境剧变，被迫返回大海之中。但是海蛇和陆蛇还有很大不同，比如尾部侧扁如桨，是在海水中运动的主要器官，作为陆生蛇类的主要运动工具——宽大的腹鳞则不发达、退化甚至消失；鼻孔开口于吻背，便于露出水面呼吸空气；舌下有"盐腺"，经它分泌，可排出体内的过多盐分。

东海的海蛇种类不少，扁尾海蛇、蓝灰扁尾海蛇、半环扁尾海蛇、棘鳞海蛇、龟头海蛇、淡灰海蛇、青环海蛇、环纹海蛇、黑头海蛇、平颏海蛇、小头海蛇、长吻海蛇、海蝰等都在东海生活。

海蛇有趋走和集群的习性，常常成千上万条集聚在一起顺流漂游。海蛇捕食也很有趣，先给对方"下毒"，毒死捕获物之后就能一口吞下，甚至能吞掉和自己差不多长的动物，直到完全咽下，这时候的海蛇直接变形，几乎无法游动了。不要以为有毒刺的鱼可以幸免于海蛇的大口，对海蛇来说，即使被毒刺穿透也不在乎。海蛇也有天敌，它非常害怕

🔻 海蛇

海蛇鼻孔的特点

海蛇的一对鼻孔不像陆生蛇类那样长在头部的两侧，而是长在吻背上，朝向天空。鼻孔里有海绵状的组织垫和瓣膜，起着开关的作用——当它浮游在海面上时，不必担心海水会呛到它。

海鹰等肉食海鸟，一看见海蛇在海面上游动，就急速从空中俯冲下来，抓起一条就远走高飞，尽管海蛇非常凶猛，一旦离开水，它就束手无策了。

科学家证实，海蛇大多为毒蛇，它的毒液比陆生眼镜蛇的毒性还要强，所以更加可怕。海蛇的毒液属于最强的动物毒，称得上是"百毒之王"。钩嘴海蛇毒液毒性相当于眼镜蛇毒液的两倍，是氰化钠毒性的80倍。海蛇毒液的成分是类似眼镜蛇毒的神经毒素。然而奇怪的是，它的毒液对人体损害的部位主要是随意肌，而不是神经系统。海蛇咬人，刚开始人一点也不疼，其实是因为毒性发作有一段潜伏期，被海蛇咬伤后30分钟甚至3小时都没有明显中毒症状，然而这很危险，容易使人麻痹大意。实际上海蛇毒被人体吸收非常快，中毒后最先感到的是肌肉无力、酸痛，眼睑下垂，颌部强直，有点像破伤风的症状，同时心脏和肾脏也会受到严重损伤。被咬伤的人，可能在几小时至几天死亡。多数海蛇是在受到骚扰时才伤人，因此，不要惹海蛇。

在我国，大部分地区的人们不吃海蛇，但是对日本人来说，吃海蛇就像吃鳝鱼、鳗鲡那样平常，或油炸，或烟熏，吃得津津有味。在我国，大多数人将海蛇作为一种中药材来用。在东海沿岸等地的市场上，大捆大捆的海蛇干被作为商品出售。无论是蛇干或活蛇，泡酒或煮食，皆具有祛风湿、滋补身体等功效。此外，备受欢迎的蛇皮鞋、蛇皮带、蛇皮手提袋、蛇皮钱包等蛇皮制成的日用品或工艺品，原料中的大部分是海蛇皮。这是因为海蛇较易捕捉，皮张也够厚实。

⬆ 海蛇

⬆ 海蛇

海鸟知天风

海鸟知天风，短尾信天翁为风而生。老水手们说：哪里出现短尾信天翁，那里就不会有好天气。

短尾信天翁

"好风凭借力，送我上青云。"对于翱翔于东海海面的短尾信天翁来说，风越强，它越不惧，因为它有一种借风飞翔的高超本领。这种信天翱翔的海鸟在我国福建、台湾、山东都有分布，在我国台湾北部的钓鱼岛、赤尾屿和澎湖列岛繁殖。如今，"翁击长空"的胜景再难看到，热爱烈风飞翔的种族濒临灭亡，短尾信天翁如今已是我国一级保护动物。

最让短尾信天翁舒服的就是狂风巨浪，风力越大，它们越能乘风飞翔，风平浪静的日子在它们眼中并不好。在风中连续滑翔几个小时都不需要鼓动一下它的两只翅膀，像不像滑翔机？滔滔海浪之上，短尾信天翁忽而冲天，忽而俯冲，甚至在暴风雨中也能前进无阻，是什么帮助了它？

短尾信天翁

 短尾信天翁

短尾信天翁个头很大，体长为90~100厘米，狭长的双翅展开有3米宽，像一把弯刀割破长空。这对长翅膀帮助它增强升力，在海洋上空常做低空飞行的短尾信天翁能巧妙利用浪花冲击形成的上升气流提升飞行高度，再利用顺风和下落飞行来加快速度，接近海面的时候再转方向，飞上天空。如此飞翔，简直像一个在海风中飞翔的舞者。

短尾信天翁能连续飞行十几个小时，平均时速在60千米以上，一次能飞600千米以上，如果要评选飞翔能力最强的鸟，那么它一定榜上有名。

"信天翁"战斗机

在第一次世界大战时，德国人根据信天翁的身体结构，制成了一种叫"信天翁"的战斗机，是当时最好的单座飞机。

它能飞，也爱飞，以至于除了繁殖期以外，它们几乎终日翱翔或者栖息在大海上，就是休息也多在海面上，随波逐流。在低空飞行时，会在海水表层搜寻小型软体动物、无脊椎动物和小鱼，一旦发现目标，就降落在海面上，用嘴啄食小动物。

如此爱飞翔的短尾信天翁在陆地上却无法起飞，万不得已时要爬到悬崖边或者高坡上向下跳才能飞起来。在海面上也需要靠两只翅膀的急剧拍打才能起飞，但是它一旦飞起，便狂风暴雨也不能阻拦。

1920年以前，我国台湾的澎湖列岛还是短尾信天翁的繁殖地，每年冬天都能看到它们的身影，它们生儿育女，忙忙碌碌。到1985年，东海一带还能偶尔看见旅行和越冬的短尾信天翁，如今却已很难见到。短尾信天翁的白色羽毛可以做被褥、枕头和坐垫，翅羽和尾羽可以做帽子和毛笔，肉可做肥料，也可以食用。就是因为这些，人们才不计成本地捕杀短尾信天翁，海洋污染也让它们失去了原来的栖息地和食物，无法生存下去的信天翁一年一年减少，让本来就孤独喜静的短尾信天翁物种面临的境地越发悲凉。如今，中国的钓鱼岛是短尾信天翁全球仅剩的几处繁殖地之一。

　　清晨和日落的东海海面，还能看到短尾信天翁烈风飞翔的身影吗？——来保护海洋鸟类，来保护海洋吧。

🔺 短尾信天翁

🔺 短尾信天翁

⬆ 黑脸琵鹭

⬆ 黑脸琵鹭

黑脸琵鹭

黑脸琵鹭

黑脸琵鹭，白琵琶身，黑琵琶脸，好像从童话中走出来的自然生灵如今却在退却，这位"黑面天使"是国家二级保护动物，在水禽世界，濒危程度仅次于朱鹮。

若是身临湿地，远远望去，黑脸琵鹭清秀优雅，让人着迷。夏季到来，黑脸琵鹭的后枕部分就长出很长的发状橘黄羽冠，如同挑染的头发。脖子下还"戴"有一个橘黄色的颈圈。它那褐色的喙最为奇特——扁平却长直，前端扩大成奇怪的形状，你说像小铲子也罢，小匙子也行，想象力再丰富些，再瞧瞧，就会发现有些像小型的琵琶，黑脸琵鹭黑色的腿又细又长，再看它的额头、脸、眼周等的裸露部分也都是黑色。怪不得它叫黑脸琵鹭。

在历史上，黑脸琵鹭在福建沿海终年居留，但是如今，许多原来有居留记录的地方再也看不到它们的身影。近年来确认的比较固定的迁徙停歇地点有我国东部的上海等。

三三两两，或几只，十几只，黑脸琵鹭喜欢群居生活，不管是觅食、休息还是睡眠，不仅和自家兄弟姐妹一起，更多时候是与大白鹭、白鹭、苍鹭、白琵鹭、白鹮等混杂在一起。喜欢群居，并不代表它们喜欢热闹，相反，它们性情安静，也不好斗，从不主动"招惹"其他鸟类，常常在海边潮间地带悠闲地散步。

找食物的时候，它的"小铲子"长喙就派上了大用场。通常情况下，黑脸琵鹭会把喙插进水里，半张着嘴，在浅水中一边涉水一边晃动着头部，寻找鱼、虾、蟹、软体动物以及水生植物，捕到后再把长喙提出水面将食物吞下。

　　如今黑脸琵鹭已经被列为亚洲各国最重要的研究和保护对象之一，并且拟订了一项"保护黑脸琵鹭的联合行动计划"，重要任务之一就是对黑脸琵鹭的繁殖地、迁徙停留地和越冬地加以完全的保护。希望经过大家的努力，黑脸琵鹭能够摆脱数十年前朱鹮曾经出现的厄运，希望黑脸琵鹭重新繁衍壮大，留下一抹优雅黑白。

黑脸琵鹭的数量

　　2013年，在全球黑脸琵鹭普查活动中，福建省黑脸琵鹭数量在中国大陆地区位居第一，占一半以上。据负责此次全球黑脸琵鹭普查统筹工作的香港观鸟会日前公布的统计数据，2013年全球共记录到2725只黑脸琵鹭，比上一年多32只。其中，中国大陆地区（包括海南岛）一共记录到363只，中国台湾地区1624只。在此次普查中，日本、韩国、越南等记录的黑脸琵鹭数量均有所减少。

EAST CHINA SEA CREATURES

东海小世界

　　几乎每个海域都有自己的生态系统，东海的生态系统"小世界"与众不同。东海的南麂列岛是世界上少见的贝藻王国，是贝藻类生物的天然基因库。海藻在海底摇曳，贝类在礁石旁边逗留。"海上香格里拉"的秀山岛郁郁葱葱，风光秀丽，生物繁多。一个个"小世界"就由于它们的存在而被构建起来了。

南麂列岛：贝藻"集结号"

　　在浙江省平阳县鳌江口外30海里的东海，52个岛屿、数十个明礁和暗礁及周围海域，面积加起来不过201.06平方千米的地方蕴藏着一个贝类和藻类集结起来的美丽王国，它的面积不到全国岛屿面积的万分之二，却拥有最多、最独特的贝类和藻类。海底礁石上色彩斑斓的海洋藻类、五光十色的海洋贝类，都默默展示出低调的美丽。

南麂列岛国家级海洋自然保护区

一只麂鹿浮在岛中央

南麂列岛的主岛叫南麂岛，它的面积仅仅有7.64平方千米。从空中俯瞰，就像一只清秀矫健的麂鹿浮现在列岛中央。

这里岛礁星罗棋布，岸线曲折逶迤，海湾众多，有沙滩、砾石滩、泥滩和岩礁等多种岸滩类型，海水清透湛蓝，平均能见度能达到6米，是浙江省乃至全国少有的终年清水区。这一点对水中动植物来说是"大喜事"，海水透明度高，可以让植物们"快乐"地进行光合作用。更难得的是，南麂列岛的水域位于台湾暖流和江浙沿岸流的交汇处，气候温和湿润，生态环境优越，具有温带、热带两种区系特征，这也是海洋动植物的"福音"，这样一来，海流交汇处就会有丰富的营养盐，南麂列岛水域就成了海洋动植物，尤其是藻类和贝类的最佳生长地。

能称得上"最佳"，一定要受到贝藻类的喜爱，这样它们才能"定居"，那么在这里"定居"的贝类和藻类有多少呢？不说不知道，一说吓一跳。能叫上名字的贝类有421种，其中22种目前在我国沿海仅见于南麂列岛海域，区域内有温带、亚热带、热带等地域性的贝类。大型底栖藻类174种（约占全国的20%，占浙江省的80%），微小型藻类459种，鱼类397种，甲壳类257种，其他海洋生物158种。其中珍贵的黑叶马尾藻，属于世界藻类新种。

就这样，南麂列岛海域成为世界上重要的海洋贝藻类基地。1990年9月，经国务院批准，南麂列岛被列为国家级海洋自然保护区，是我国首批5个国家级海洋自然保护区之一。1998年12月，南麂列岛又成为我国目前唯一纳入联合国教科文组织世界生物圈保护区网络的海洋类型自然保护区，这个海洋贝藻类的天然基因库、博物馆可以让贝藻类更加从容地生活了。

⊙ 海藻

海藻的世界

在南麂列岛的海底礁石上密密麻麻地分布着缤纷的海藻，它们或飘摇，或静止，动静间有一种无言的美。它们作为低等自养型植物，是鱼、虾、蟹、贝、海兽等动物的天然食物，为海底生态系统的稳定贡献着自己的力量。

底栖海藻出动——105种红藻、36种褐藻、31种绿藻、2种蓝藻共同交织出一幅五彩缤纷的"海底大森林"图。这里的藻类千奇百怪，可不要看花了眼：有像扇子的团扇藻，有像老鼠尾巴的鼠尾藻，有像牡丹花的蛎菜，还有酷似蜈蚣的蜈蚣藻，有分枝像羽毛的羽藻，还有形状像鸭毛、鸡毛的鸭毛藻、鸡毛菜。这些只是"万里海水取一瓢饮"，更让你叫绝的

有关南麂列岛的记载

当年郑和七下西洋的时候，从江苏太仓刘家港出发南下，每次都经过南麂列岛。《郑和航海图》中就有南麂山（旧称南杞山）的记载。南杞山是郑和船队沿东海沿岸南下的一座重要导航地标。

是它们的有趣特性。荧光环节藻会发出荧光，给你浪漫的海底奇遇；用手一捏囊藻的身体，这只"小灯笼"就会射出水来；要是把褐舌藻拿到水面上，它就会分泌出了一种酸性物质，变成绿色；在水下还要小心礁石上那些绒毛一样的蓝藻，它们富含胶质，你要是一不小心踩上去，可能会摔一跤呢。大大小小，长长短短，就像森林里有参天大树，也有低矮的灌木，还有些可爱的小草一样，藻类也有成片的巨藻，它竟然可以长到二三百米长，真不愧是藻类体长之冠的得主。这里有几米长的海带、羊栖菜、铜藻等等，还有几厘米长的小石花菜、小衫藻、海头红等，它们是海藻中的"小个子"。

⬆ 海藻的世界

像浒苔、蛎菜、石莼、礁膜这样的绿藻一般生长在潮间带的岩礁上，或者养殖筏架等固着物上。它们都是有清热解毒和利尿功效的食用海藻，不光人可以吃，鲍鱼等也吃。而在众多的褐藻中，有一种不得不提，它是南麂列岛保护区的特有种，国际藻类学会主席曾呈奎教授将它命名为"黑叶马尾藻"，目前在全世界它只"认"龙船礁，喜欢生长在风浪较大的海岸，这种黑紫色的大型藻类能为其他生物提供繁殖、生长的栖息地。南麂列岛保护区中要数红藻种数最多，营养丰富的紫菜、可以制作琼胶的石花菜、可以提取出海萝胶的海萝、蜈蚣藻、鸡毛菜、软骨草，可以提取生理活性物质的凹顶藻、沙菜等，它们爱在低潮线附近和低潮线以下的岩礁上"待"着，少数"特立独行"的喜欢在更深的海底生长。

⬆ 海藻

贝类的天堂

南麂列岛是贝类的天堂。我国南北海域的各类贝类在南麂列岛几乎都可以找到代表种，既有在其他沿海地区常见的栉江珧、黄口荔枝螺、单齿螺等，又有由黄海冷水团带到浙江沿岸的少数种类如江户布目蛤等。同时，由于南麂列岛海域受到台湾暖流的影响，出现了较多的热带贝类，如眼球贝、琵琶螺、舟蚶等，甚至过去只发现于海南岛南端和西沙群岛的典型热带种也出现在南麂列岛海域，如古蚶、美丽珍珠贝、短翼珍珠贝和中华牡蛎等。南麂列岛可以让热带、亚热带和温带三种地域特点的贝类同时并存，和平相处，这在国内是"一枝独秀"，在国际上也不多见。

贝类们尽享天华和海趣，有的贝类附着在礁石表面"晒太阳浴"、"淋暴风雨"；有的贝类比较胆小，躲在石头缝里默默生存；有的爱在海藻丛的"花花绿绿"中逗留；有的看准了石头就会钻蚀它，在里面"住"下来。龙船礁真是一块"宝地"，不仅是黑叶马尾藻独一无二的"居所"，也密密麻麻地聚集了上百种贝类，从上到下分布着短滨螺层、牡蛎层、贻贝层、荔枝螺层等。在南麂列岛保护区的大沙岙也有一片奇异的贝壳滩。破碎的贝壳堆积起来的这片沙滩下，竟然生长着六七十种贝类，等边浅蛤和巧楔形蛤住在离沙表十几厘米的地方，大竹蛏把自己埋在1米深的地方，伶鼬榧螺喜欢大热天在沙面上溜达，这些贝类死后其壳便渐渐破碎成为沙粒，天长日久便形成这片沙滩。

南麂列岛国家级海洋自然保护区

南麂列岛小世界

    海洋藻类是最初级的生产者，它们的繁盛是让食物链正常运转的基石。无论是小型海藻还是大型海藻，都能进行光合作用。一些大型马尾藻还可以为海洋生物提供生息、产卵及孵化的场所。比如一种叫铜藻的马尾藻属植物，藻株最长可达7米以上，单株鲜重3000克以上，它们成片漂浮于水面。这种藻类被当地居民称为"丁香屋"，是一种"生态型渔礁"。而大多数的贝类也几乎互不干扰，过自己的小生活，共同维护着生态系统的稳定。

　　南麂列岛除了是贝藻的王国，还是海洋性鸟类的重要栖息地和繁殖地。目前记录的鸟类共计40种，以雀形目和鸥形目鸟类为主。鸟类种类虽不丰富，但海洋性鸟类数量极多，2003年6月在下马鞍曾一次记录到黑尾鸥2000余只。它是目前我国已知的黑尾鸥最大的繁殖地之一。此外，南麂的大擂岛岛上分布着数十亩野生状态的水仙花，密度之高、生长之盛及花香之浓为沿海岛屿所罕见，与福建漳州、浙江舟山和上海崇明的水仙花不同，是重要的遗传多样性资源。所以，2004年，经国家海洋局批准，保护区从以往单一的贝藻类保护，拓展到海洋性鸟类和野生水仙花以及名贵海洋鱼类等多物种保护。

🔺 南麂列岛国家级海洋自然保护区

秀山岛湿地生态系统："海上香格里拉"

"兰山摇动秀山舞，小白桃花半吞吐。"宋代文豪苏东坡早就以诗赞叹浙江岱山秀山岛的美景。东海舟山海域的这片湿地，是东海小"氧吧"。灌木丛、草丛、水生植被、沼泽植被是秀山岛湿地的"绿毯"，潮间带生物在"绿毯"上嬉闹生活，白鹤、鸢、苍鹰、白尾海鸥等100多种鸟翩跹起舞，盈盈海水配上金色沙滩，俨然世外桃源，这片湿地"小世界"也成为人们口口相传的"海上香格里拉"。

一岛一世界

站在浙江舟山群岛岱山岛上向南看，就能发现郁郁葱葱的秀山岛。秀山岛位于舟山本岛与岱山岛之间，全岛面积26平方千米，和澳门一样大，传说乃是海上三仙山之一的"方丈岛"。岛上古树名木，飘香果园、神秘洞穴，怪异礁石，构成一幅独特的海岛山水风景图画。岛上有许多奇峰怪石，造型生动，尤其是书仁岩的石林，千姿百态，每逢风来，滔滔海浪，飞扬百米，冲击岩石，蔚为奇观。秀山岛湿地一年四季分明，是舟山群岛鱼儿们快乐的栖息地。秀山岛湿地的健康状况直接影响到东海海洋生态系统的生物多样性，甚至影响舟山渔场的海洋渔业资源。地处舟山海域的秀山岛被黄鱼、带鱼、鲳鱼、海蜇、石斑鱼、对虾、乌贼、比目鱼、马面鲀、鹰爪虾、三疣梭子蟹等100多种海洋动物"包围"了起来，1000多亩围塘、300亩近海、1000多亩滩涂资源也毫不浪费，发展对虾、蛏子、泥螺、紫菜等养殖业。

青山绿水，碧海金沙，秀山岛湿地的森林覆盖率达百分之五六十。海风阵阵，黑松和马尾松微微摆动，白栎灌丛、枪木灌丛和白茅草丛簌簌摇摆，齐人高的芦苇荡出了一片诗情画意。它们是鸟类隐蔽的生活场所，其中生活的大量藻类也为鱼类等海洋动物提供了丰富的食物，这些浮游生物和鱼类又成为水禽上好的食料。若是少了白鹤、白尾海鸥等30多种湿地栖息禽类，那诗情画意岂不又少了一份味道。找个宁静的下午，在融融的阳光中，你会看到，白腰雨燕和翠鸟倏忽飞过，秋沙鸭、绿头鸭和裂头鸭顺水而漂，矶鹬、青脚鹬、滨鹬、杓鹬、红嘴鸥、蓝矶鸫躲在树丛之中，你不一定看见它们，但是可能听见它们的袅袅歌声。在这其中，绿头鸭、海鸭、苍鹭种群在1000只以上，鸿雁、矶鹬、青脚鹬种群在500只以上，想

象一下，当它们群起而飞时，是多么壮美的自然景象。

在这群岛之中，列入《中日两国政府保护候鸟及栖息环境的协定》的鸟类有12种。其中有一种性格宁静而机警的鸟儿，体态优美，无论是飞行还是步行，都很优雅，它就是东方白鹳，现在已经成为国家一级保护鸟类。

⬆ 秀山岛

《鹤》

著名散文家陆蠡在《鹤》中写道，在他十七八岁时，邻哥儿在平头潭边捉到一只鸟，"长脚尖喙，头有缨冠，羽毛洁白"。开始以为是一只鹤，抢回家里养，这只鸟"样子相当漂亮，瘦长的脚，走起路来大模大样"，"头上有一簇缨毛，略带黄色，尾部很短"、"老是缩着头颈，有时站在左脚上，有时站在右脚上，有时站在两只脚上，用金红色的眼睛斜着看人"。他们将这只鸟养了相当时日，直到有一天，他的舅父来了后才得知是一只"长脚鹭鸶"。陆蠡所描述的这只漂亮的鸟，实际上应该是"东方白鹳"。

香獐和眼镜蛇

秀山岛湿地遍地草丛、灌木和芦苇，茂密的植被为香獐提供了丰富的食料，是香獐这一鹿科动物理想的栖息地。

香獐是国家二级保护动物，被认为是最原始的鹿科动物，也就是我们熟悉的麝。麝的雄性香腺囊中的分泌物干燥而成麝香，是一种高级香料和名贵药材。麝香在香料工业和医药工业中也有着传统的不可替代的价值，是四大动物香料（麝香、灵猫香、河狸香、龙涎香）之首，香味浓厚，浓郁芳馥，经久不散。

目前香獐数量稀少，但在秀山岛分布较为集中，有1000多头，全国大概每10只香獐中就有一只在秀山岛湿地自然保护区生活。在历史上，香獐曾在中国广泛分布，但是由于栖息地遭到破坏以及过度捕猎，分布区已经大大减少，到了20世纪90年代初期，很多地方已经见不到香獐了。现在，你可以在江苏沿海滩涂、江西鄱阳湖地区、湖南和湖北的洞庭湖地区以及浙江的舟山群岛见到香獐，而且，舟山群岛的香獐种群数量较大，是全国野生獐种群的主要分布区。这种集中性给香獐带来的也可能是噩运。经济利益的驱动实在太大，每当一年一次的香獐产仔开始，来自各省市的数千人带着上千条猎

麝香的产生

香獐居住在山中，常吃柏树叶，也吃蛇。五月时获得麝香。香獐六七月吃蛇、虫，到了寒冬则香已填满，入春后肚脐内急痛，会用爪子剔出香来，拉屎覆盖，常在一处剔出完。麝香因为难以获得，十分珍贵，价值极高。

⬆ 香獐　　　　　　　　⬆ 眼镜蛇

狗，对野生幼獐进行大规模屠杀，这对香獐的繁育、扩增具有极大的杀伤力。加之秀山岛离定海较近，捕猎者驾小舟即可从定海进入秀山岛，难以防范，致使野生香獐数目有下降趋势。面对这种状况，当地政府应加大执法力度，例如，对非法捕猎或伤害野生香獐的行为，一经发现，严厉处理，决不姑息。

除了香獐，秀山岛湿地生态系统中还有一种保护动物，那就是眼镜蛇。秀山岛共栖息着300多条眼镜蛇。

秀山岛湿地生态系统的福泽

一片湿地生态系统所带来的影响绝不仅限于生态系统本身，而是那些深入内里的、潜移默化的影响。这些影响是福泽，是珍贵的馈赠。

如此良好的生态条件和如此完善的生态结构造就了秀山岛湿地生态系统，这片湿地的存在延展出一个巨型基因库。灌丛、草丛、滨海植被铺展开来，300多种植物簇簇生姿，形成一个天然的生态"氧吧"。目光流转，在水一方，你会看到潮间带70多种贝类、10多种藻类和中小型鱼虾"欢腾"游动。海边，有时还会有国家一级保护动物白鹳悠然走过，雕枭、草枭、苍鹰、白尾海鸥等也不难见到，所有这一切，都是秀山岛湿地生态系统的血肉和筋骨，它们对于维持野生物种种群的繁衍、筛选和改良具有重要的影响。

秀山岛还是蓄水防洪的天然"海绵"。秀山岛湿地的存在对于涵养水源、补给地下水和维持区域水平衡、防止水土流失功不可没。不仅如此，秀山岛湿地的存在还减缓了海浪和大潮的速度，具有抵御海浪和海潮冲击能力，减轻风浪对海岸的侵蚀。

山清水秀，碧海清波，秀山岛湿地生态系统还生发出得天独厚的旅游资源。秀山岛西北面有大片滩涂，滩涂泥质细腻松软，含有多种对人体有益的维生素、氨基酸、矿物质和微量元素，具有保健、护肤、杀菌等功效。在这里，已建成中国第一个以泥为主题的"中国秀山岛滑泥主题公园"。早在古希腊时代，崇尚自然的人们就开始以泥为浴了。如今，一项以

⬆ 绿头鸭

"泥"为主题的旅游项目在秀山岛诞生，此举开辟了中国旅游之先河。中国秀山岛滑泥主题公园面临上千亩平缓滩涂，背依省级湿地自然保护区；园内滩涂海泥聚集东海生态环境和钱塘江冲积之精华，天然、洁净、细腻、适于娱乐、有益于人体健康；园内设计讲求自然与艺术的和谐统一，为人们提供一个集旅游度假、休闲、疗养、科教文化于一体的娱乐场所。在这里，你可以尝试一下风帆滑泥、木桶滑泥、泥竞技比赛、现代泥瘦身、攀泥运动、泥浴、泥疗、泥钓等项目，内容丰富、有趣、刺激。你还可以去泥疗服务中心体验一下泥疗室及温泉浴等，而泥疗又分为热泥浆浴、局部泥敷、埋敷躯体几种疗法，通常是把自己浸泡在富有多种矿物质、含有名贵中草药的泥浆中，或是把它们匀称地敷在身上，这泥可以松弛肌肉、滋润肌肤、促进新陈代谢、调节神经系统，是自然、新颖、奇特、趣味十足的保健方法。

滑泥运动

滑泥是近几年新兴的一种参与性较强的旅游项目；清凉滑腻的海泥会在炎热的夏天给人带来一种惬意；咸碱性的海泥对皮肤病的治疗很有帮助。在滩涂中，寄生着各类小鱼、小虾、贝类等；滑泥活动的同时还可以赶海，当你抓着活蹦乱跑的鱼虾、横行霸道的海蟹，或者捡到海瓜子、蛤蜊、蛏子、香螺等贝类时，一种童趣油然而生。这是一种与自然亲和的感觉。

东海
资源大观

EAST CHINA SEA NATURAL RESOURCES

　　东海资源，蔚为大观。东海海底有着广阔的大陆架，是当前石油勘探活动开展得最活跃的地方之一。东海的海洋动力能源同样不可小觑，潮汐能、潮流能、波浪能、温差能等清洁动力能源都可为我所用。东海还是中国海洋捕捞的"超级大户"，十四渔场里的千万种生物在东海生活。鱼种多、产量高、品质优，东海当之无愧地成为我国生物资源最多的海域。

东海矿产资源

闽浙大陆之东，琉球群岛之西，东海俯卧其间。在这片77万平方千米的海域，大部分是200米水深以浅的大陆架，它最宽处可达550千米，最窄的地方也超过300千米。这片油气远景良好的大陆架是中国油气资源储备的战略要地。

东海油气资源

巨型油气库

世界油气勘探专家的眼光都一齐看向这里。

东海是当前世界上油气勘探最活跃的地区之一。美国伍德罗·威尔逊研究中心的东海问题专家哈里森相信，中国拥有开发权利的大陆架上的天然气储量大概在5万亿立方米，至少是沙特阿拉伯已发现的天然气储量的8倍，是美国已发现的天然气储量的1.5倍。这一大陆架的原油储量约为1000亿桶，与之相比，沙特阿拉伯的原油储量约2671亿桶，美国的原油储量则只有220亿桶。也有专家估算，东海油气田蕴藏石油250亿吨，天然气逾8万亿立方米。

对于任何一个想在世界格局中占有主动权的国家来说，能源都是首当其冲的战略要素。

勘探20多年后，中国目前已在西湖凹陷发现了平湖、春晓、天外天、断桥、残雪、宝云亭、武云亭和孔雀亭8个油气田，还发现了玉泉、龙井、孤山等若干大型含油气构造。东海的勘探开发走过了一段光辉的

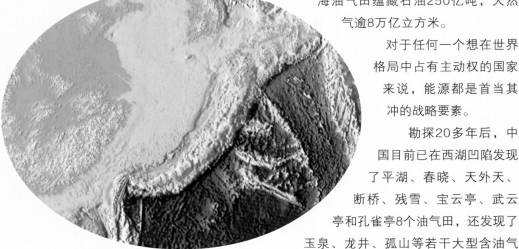

⊕ 东海海底

⊕ 钻井平台　　　　　　　　　　　⊕ 钻井风光

岁月。早在1974年，地矿部上海海洋地质调查局就在东海开展了石油物理勘探。1978年提交的《东海综合海洋地质调查报告》填补了我国在东海地质调查的空白。报告初步揭示了东海的地质构造轮廓，发现了一大批大型构造带，展现了东海的油气远景。1980年，"勘探二号"钻井平台首次在龙井构造钻探了我国在东海的第一口石油普查井。同时，上海海洋地质调查局先后引进了"奋斗七号"地震船、DFS-V数字地震仪、综合卫星导航系统、KSS-3海洋重力仪、阿戈-玛西兰高精度定位系统、浅地层剖面仪、万米测深仪、旁侧声呐等一批先进装备，着手开展全盆地的地震普查和综合地球物理调查工作。1983年，平湖一井首次试获油气流。1984年，由上海船厂建造的"勘探三号"半潜式钻井平台建成投入使用，使得东海的油气勘探进入了一个崭新的阶段。如今，上海海洋地质调查局已经在东海完成各种地球物理调查（测线）超过52万千米，其中数字地震剖面8万余千米，钻石油普查井19口，总进尺7.32万米，获得了一批重要的地质和油气资料。1996年，联合国有关机构在对包括钓鱼岛在内的我国东部海底资源进行勘查后，认为："东海大陆架可能是世界上最丰富的油田之一"，钓鱼岛附近水域将可能成为"第二个中东"。

平湖，这个拥有诗意名字的油气田位于上海东南方向的东海大陆架上。它对东海来说具有特别的意义——东海陆架盆地中发现的第一个中型气田，也是我国在东海第一个投入开发经营的复合型油气田。平湖油气田开发面积为240平方千米，在构造位置上为东海陆架盆地西湖凹陷斜坡中段。平湖油气田由上海市、新星石油公司、中国海洋石油总公司三方共同投资，一期油井7口、气井8口，生产规模为年产天然气5亿立方米、年产石油1000万立方米。1999年，它所生产的天然气经375千米的海底输气管线输往上海作为城市用气，日供气量达

"奋斗七号"

"奋斗七号"地震调查船在中国海域20多年来的服役中，为平湖油气田、春晓油气田群的发现及东海等海域的油气勘探作出了巨大贡献。

⬆ 钻井风光

⬆ 钻井平台

100万立方米。平湖油气田二期工程已经在八角亭构造施工，现在已经钻完开发井2口；二期建设完工后，平湖油气田产气可以达到180万~200万立方米/日。

春晓、残雪、断桥、天外天，东海天然气资源的勘探先锋把如此浪漫的名字给了春晓油气田群，而前面提到的四个小气田正是它的组成部分。春晓油气田群位于浙江宁波东南方向370千米的东海大陆架盆地西湖凹陷春晓构造上，它的面积几乎相当于我国台湾省的面积，水深90~110米。从20世纪80年代开始，我国便在东海勘探石油。春晓油田已勘探出原油蕴藏量为6380万桶，相当于我国新探明的冀东大油田储量的43.5%。在春晓发现数十层油气显示层，获得高产工业油气流，被有关专家证实是我国在东海勘探发现的7个油气田中储量最大的。这个油气田群是由中国海洋石油总公司、中国石化与外国尤尼科和壳牌组成中外联营委员会进行开发的。2005年10月，春晓油气田建成，日产天然气910万立方米，现在主要供宁波市区使用，将来扩产后，该气田所产天然气将延伸至上海等地使用。

是怎样的一片海洋国土会诞生如此多的油气资源？研究者们正一个一个地解密东海油气构造。

解密东海油气构造

石油天然气储藏在哪里？是陆架盆地。拥有得天独厚的陆架盆地，差不多就等于拥有了丰富的石油天然气资源。

东海油气具有"三大、二多、一好"的特点：盆地面积大、沉积厚度大、构造规模

🔺 海上钻井平台夜景

大；局部构造多，含油气组合多；油气资源远景良好。东海陆架盆地是地球上较宽阔的陆架盆地之一，也是中国近海面积最大的中、新生代沉积盆地。它产生于晚白垩世至中新世，以第三纪沉积为主，形成了一套河流–湖沼—滨海相的砂泥地层，沉积厚度最大能达到15000米。如此深厚的中新生代沉积，为油气生成奠定了雄厚的物质基础。

东海是十几条河流最后的归宿，这些河流从温暖湿润的江南大陆一路滚滚而来，注入其中，仅长江每年就会为东海搬运来483000吨的沉积物，这为石油形成提供了物质基础。而东海陆架盆地的多样性也有利于油气的聚集。当丰厚的沉积物遇上良好的圈闭盆地和凹陷，那么油气资源的勘探前景便可以预测了。

东海大陆架面积约占东海总面积的2/3，其中油气生成凹陷25万平方千米。东海陆架盆地的油气资源主要集中在西湖凹陷和丽水凹陷。这里有得天独厚的圈闭条件，根据现有资料统计，共发现了200多个局部构造圈闭，圈闭面积约15000平方千米。这里还有优越的生油条件，东海陆架盆地不是一个地质构造均一的盆地，而是不同地质历史时期在各个区域构造部

⬆ 春晓天然气田

⬆ 钻井风光

位发育成的性质各异的沉积凹陷。东海陆架盆地新生代沉积发育较好，其中面积大、厚度大的沉积中心有四个。如盆地东部的西湖和基隆凹陷面积共10万平方千米，凹陷内沉积厚度达15000米；盆地西部的瓯江和闽江凹陷面积共4.9万平方千米，沉积厚度为8000~10000米，居我国东部各海区诸盆地之首。已钻探的17个构造中，有11个构造获得工业性油气流，钻探成功率达65%，这说明西湖凹陷具有丰富的油气资源。

虽然东海油气田的勘探研究在对外招标中是较晚的一块区域，但是经过多年努力，东海的石油天然气勘探已经取得了重大突破。

通过石油公司自主勘探以及与外国石油公司合作勘探两种方式进行了石油资源调查，在我国台湾海域钻井100余口，发现了10多个储油气构造，其中的长康油气田曾进行过石油的发掘。在台湾高雄的外海地区，也发现蕴藏有大量的天然气，其可采蕴藏量保守估计约为60亿立方米。针对台湾海峡西部的调查研究结果也显示，台湾海峡的石油天然气资源丰富。紧邻福建省的海峡西部有两个北东向的沉积凹陷，与海峡中部的观音隆起、澎北隆起以及海峡东部的新竹凹陷共同构成了规模可观的台西盆地。预测台西盆地3个生油凹陷形成的石油资源量为30多亿吨。丰富的海上油气是两岸继续共同勘探开发的新领域。

　　石油是工业的"血液"，天然气是工业的"氧气"，它们都是能源中的"紧缺物资"，不仅我国的需求量很大，国际上的需求量也十分可观。油气资源在一个国家的能源构成中具有举足轻重的地位，而海洋石油工业又是一项涉及天空、陆地和海洋空间，众多学科的先进技术于一体的产业。要看一个国家海洋开发的潜在实力和技术水平，一定要看这个国家海洋油气的发展程度。东海拥有得天独厚的油气资源，我们需要做的是捍卫它、开发它、保护它，与东海和谐相处，让东海造福于人。

东海滨海砂矿

　　海洋是个"聚宝盆"，不仅蕴含着丰富的海洋生物资源和油气资源，更有着大量的海洋砂矿资源。海洋砂矿主要包括滨海砂矿和浅海砂矿。它们存在于水深不超过几十米的海滩和浅海中，由多种矿物富集而成，具有很高的工业价值。

　　滨海砂矿是我国增加矿产储存量潜力巨大的资源，随着其在工业上的价值不断显现，越来越受到人们的重视。而东海更是我国滨海

⬆ 石英砂

⬆ 锆石

砂矿富集的地方，这里有着丰富的稀有金属和稀土金属砂矿。锆石、独居石、金红石、钛铁矿、石英砂、磁铁矿在东海滨海和浅海均有富集。

东海滨海和浅海一带的砂矿富集情况已基本查明，福建沿海稀有金属和稀土金属砂矿就比较丰富，而锆石主要分布在福建的诏安、东山岛、厦门、漳浦、惠安、晋江、平潭和长乐等地。独居石以长乐品位最高，每立方米达2千克；金红石主要集中在东山岛、漳浦、长乐等地；钛铁矿分布于沙埕港—厦门港沿海，以诏安、厦门、东山、长乐最富集；石英砂不仅分布广、质量好，且含硅率高。

台湾是我国最重要的滨海砂矿富采地，盛产磁铁矿、钛铁矿、金红石、锆石和独居石等。磁铁矿主要分布于台湾北部海滨，以台东和秀姑峦溪河口间最集中。台湾西海岸是锆石和独居石重要产地，特别是在独水溪与台南间的海滨，分布着8条大砂堤，最大的长达5千米，是独居石和锆石最富集的成矿带，已经开采出独居石3万多吨，锆石5万多吨，嘉义到台南的海滨也发现了5万吨规模的独居石砂矿。

滨海砂矿有广泛的用途，有的还具有特殊功能。如优质锆石可用作宝石原料；锆石极耐高温且耐酸腐蚀，可作为耐火材料、型砂材料、陶瓷材料；在化工、医药、航天工业等领域也被广泛应用。再如金红石，具有耐高温、耐低温、耐腐蚀、强度高、相对密度小等优点，广泛应用于航空、航天、航海、机械、化工、海水淡化等领域。

⬆ 磁铁矿

东海动力能源

　　人类要寻得发展，离不开自然的馈赠，离不开海洋的奉献。水、火、风、太阳都能给我们以能量，同样，潮汐、潮流、波浪甚至温差也都能为我们所用。东海的风能、波浪能、潮汐能等洁净动力能源蕴藏量非常大，波浪能几乎为渤海、黄海总和的2.3倍，这为我们开发、利用、保护海洋动力能源提供了便利。

潮汐能

　　月亮、太阳和海洋达成了恒久的默契，潮水往复地退去、涨来，这种循环，成为人类心中无限、无污染能量的代表。想让这种天然的动能为人类控制使用，通常还需要选择合适的方法。建设潮汐电站时通常需要建设一个与海水分隔的蓄水区，高潮时蓄水，低潮时放水。在蓄水和放水的过程中，水流通过涡轮推动发电机发电。也有国内学者建议，在东海海域，如福建的三沙湾，可以利用海湾内外潮波相位差进行潮汐能发电。

海水白天的涨落

在18000千米的中国大陆海岸线上，有将近200个海湾、河口等，可开发潮汐能年总发电量达60太瓦时，装机总容量可达20吉瓦，但至今被开发利用的不及1%。在我国的潮汐能开发利用中，浙江和福建两个省的潮汐能资源量占全国的将近90%，站址分别为73处和88处。浙江省的江厦潮汐电站装机容量为3900千瓦，位列世界第四。我国台湾沿海的潮汐能开发潜力很大，估计可在1万千瓦以上，中西部沿岸因复合作用，最大潮差可达到5米左右。

如果从历史着眼，1000多年前，我国便开始利用潮汐能了，那时的潮汐磨已用于农业生产。在20世纪50年代的小型潮汐发电站建设大潮中，1956年，福建省福州市拥有了中国第一座小型潮汐电站。20世纪50~60年代初建成的典型潮汐电站有福建厦门集美太古电站、上海潮锋和群明电站、浙江临海汛桥电站以及当时为潮汐动力站、后改为发电站且一直运行至现代的浙江温岭沙山电站。虽然在这一时期建设的潮汐电站现在已经相继废弃，但是仍在潮汐能应用的探索中为我们积累了宝贵的经验。第二阶段是20世纪70年代，随着大规模潮汐能开发利用时代的到来，总结经验教训后，一批新的潮汐电站逐渐建

⊕ 江厦潮汐试验电站

福建潮汐电站

成，如浙江象山的高塘电站、岳浦电站和兵营电站，浙江洞头的北沙电站，浙江玉环的海山电站等。20世纪80年代，潮汐电站建设技术更加完善，建成了浙江江厦潮汐电站和福建平潭幸福洋潮汐电站，两个潮汐发电"巨头"就此诞生。到2008年11月底，仍在运行的潮汐电站只有两座——江厦潮汐电站和海山潮汐电站。而到了2010年，潮汐电站中只留下了江厦，其他都已经停止运行或者被拆除。

浙江省温岭市乐清湾北端的江厦潮汐电站笑到了最后，2010年全年发电量达731.74万千瓦时，又创新高。这与它得天独厚的自然条件是分不开的。江厦港处在中国大潮差地带，这里的潮汐属于半日潮，平均潮差就有5米多高，最大时能达到8米，快赶上钱塘江大潮的最大潮差了。如今，这里不仅仅承担发电任务，还扮演着水产养殖地、旅游区等角色。电站建成后为当地围垦5600亩农田，可耕地4700亩，种植水稻、柑橘、番茄、豆类和棉花，这些作物带来的年收入超过1000万元。在电站库区1.6平方千米水面发展鱼、虾和贝类养殖，由于受自然灾害影响小、四周溪流有淡水入库，营养丰富，水产品常年获得丰收，据不完全统计，库区养殖年创产值1500万元。电站堤坝还改善了两岸的交通条件。

潮流能

潮流能从字面上就可以看出它的意思——指潮水流动的动能，主要是指海底水道和海峡中较为稳定的流动以及由于潮汐导致的有规律的海水流动。和波浪相比，潮流的变化要平稳且有规律得多。潮流能随潮汐的涨落平均每天2次改变大小和方向。什么样的水道可以开发潮流能？一般说来，流速在2米/秒以上的水道都有实际开发的价值。

潮流能发展研讨会

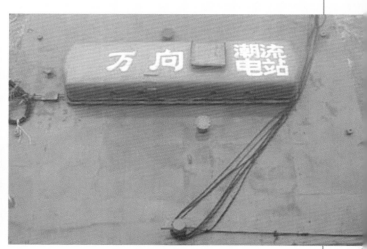
我国第一台"万向I"70千瓦漂浮式潮流实验电站

舟山海洋能源的开发

2010年11月8日，中国舟山"蓝色未来"博士论坛在新城举行。8位教授、专家围绕本次论坛的主题"海洋能源开发与利用"，交流了各自的研究成果，对舟山海洋能源的开发与利用发表了见解。专家们认为，舟山已经探明的潮流能可开发资源丰富，具有相当大的开发潜力。建议做好潮流能资源利用规划，进一步系统探查舟山的潮流能分布，绘制详细的资源分布图，并进行等级区划等，为建立潮流能发电站打好基础。

我们可以利用潮流能来发电，将潮流单向（双向）水流运动变为部件旋转运动，进而通过增速或直驱部件等驱动发电机发电，这种发电方式和风力发电有些相似，它的发电装置就像"水下风车"。所以专家们说，几乎任何一个风力发电装置都可以改造为潮流发电装置，当然是在解决好水下安装维护、电力输送、防腐、海洋环境中的荷载和安全性能的基础上。解决了这些问题之后，我们会发现潮流能发电确实非常环保，它有规律、能量稳定，不需要搭建大坝，也不需要巨额的前期投资，还不会产生大的噪声，是一种优质的可再生能源。

这么优质的能源，并不是每一个沿海省份、城市都能开发起来的。东海近岸，特别是舟山海域是中国潮流能资源最为富集的地区，金塘水道、龟山水道、西侯门水道等都是能量密度高、开发条件好的地方。浙江大学叶瑛教授曾说："据初步统计，舟山仅潮流能就相当于8个秦山核电站。"根据1989年完成的《中国沿海农村海洋能资源区划》对中国沿岸130个水道的数据统计结果显示，中国沿岸潮流能资源理论平均功率约为1.395×10^4兆瓦。这些资源在全国沿岸的分布，以浙江为最多，有37个水道，理论平均功率为7.09吉瓦，占全国的一半以上。台湾、福建、山东和辽宁省沿岸也较多，其他省区沿岸均较少。"九五"期间，由哈尔滨工程大学承担的国家重点科技攻关项目"70kW潮流能实验电站"于2002年年初在舟山市岱山县官山附近建成。该装置采用漂浮结构形式，主要包括电站载体、双转子水轮机、锚固系统、液压恒频发电和控制系统。工作流速范围1.6~4.0米/秒，抗风能力10级，耐波高度3米，锚固适应差超4米。流速2~2.5米/秒时，平均发

⬆ "水下风车"

电功率5~20千瓦。偏心机构保持正迎水流，叶片采用变倾角控制，自传运动由连杆滑块机构执行，这种直叶片摆线式可变攻角水轮机具有较高的获能能力和自起能力。这个电站建造在浙江省岱山县龟山水道，水深40~70米，离岸100米，是当时世界上第一个漂浮式潮流能实验电站。

浙江岱山优越的自然条件，让浙江大学的5千瓦级"水下风车"的原理性样机海试也落户这里。经过一年多的设计研发并结合海域实地调查，2006年年初，浙江大学研制出水下风车潮流能发电机组模型样机，并于2006年4月26日在浙江省舟山市岱山县进行了海上试验。鉴于机组整体结构很小，样机并没有采用海底打桩，而是利用自重固定于水下。

波浪能

一波涌起万波随，波浪也能成为一种资源，它可以用于发电、供热、海水淡化、制氢等。波浪能利用装置大都源于以下几种基本原理：利用物体在波浪作用下的振荡和摇摆运动，利用波浪压力的变化，利用波浪的沿岸爬升将波浪动能转换成水的势能等。虽然能量不稳定，但它是海洋中分布较广的能源。如你所知，大海中很难找到没有波浪的地方，所以波浪能仍是一种开发潜力巨大的新能源。

我国沿岸波浪能资源分布很不均匀，以东海沿岸省份为盛。其中以我国台湾省沿岸最多，约占全国总量的33%；浙江、广东、福建和山东省沿岸较多，总共占全国总量的55%；其他省市沿岸则很少。东海的风浪，波高一般为0.8～1.9米。寒潮及台风来临时，波高常在2.0～6.0米之间，有时可达6.1～11.0米。强寒潮侵袭时，东海中心区域的最大波高可大于11.0米。波浪能功率密度较低，并且波浪能功率密度具有明显的季节变化。全国沿岸各地的波浪能功率密度较高的区域有渤海海峡（北隍城）、台湾岛南北两端、浙江东部（大陈岛）、福建海坛岛以北（北礵和台山）、西沙地区、粤东（遮浪）等，其中台湾岛南北两端、大陈岛、福建海坛岛以北三个区域位于东海沿岸。

台湾、浙江中部、福建海坛岛以北、渤海海峡的波浪能能量密度排在全国前列，能量密度在5.11～7.73千瓦/米。这些海区平均波高大于1米，波浪周期大于5秒，是可利用波浪能资源较为丰富的海域。在全国沿岸有很多已知的著名大浪区，如台山列岛、四礵列岛、闾峡、北茭、梅花浅滩、牛山、大炸、围头、镇海、古雷头等，都位于福建沿海海区。所以，根据波浪能能流密度及其变化和开发利用的自然环境条件，浙江、福建沿岸当仁不让成为重点开发利用地区。

风能

海寒多天风，海上天风也像陆上天风一样具有能量，是一种新型能源。据估算，全世界的风能总量约1300亿千瓦，中国的风能总量约10亿千瓦，其中海上风能约7.5亿千瓦，多于陆上风能资源。和陆上风能相

⚓ 东海大桥风电场

比，海上风能有自己的优势，比如风速高、风力强、少有静风期、湍流小等。此外，海上风能还具有单机能量产出较大、节省土地资源和防止噪音污染等优势，这些优势让它成为当之无愧的能源新秀。中国风能协会的一位专家评价说："中国新能源产业发展看风能，风能发展前景在海上，海上风能将成为中国风能未来发展方向和制高点。"

我国近海海上风能分布，整体上长江口以南海域风能密度大于长江以北，离岸海域的风能密度大于近岸海域，台湾海峡海上风能密度尤为丰富，超过1000瓦/平方米。我国台湾西部海域等地区具有良好的风场，适合进行风力发电。初步估计，风力发电机在台湾近海可供开发的潜力在30多万千瓦以上。

目前，上海东海大桥旁已建成亚洲最大规模的海上风力发电场，34台国内最大单机容量的风机矗立在东海的海平面上。2009年3月，东海大桥风力发电场开始建设，由华锐风电科技有限公司自主研发的我国第一台海上风电机组在上海东海大桥海上风电场完成整体吊装。2009年9月首批三台风机实现并网。2010年6月8日，全部风机并网试运行。2010年7月6日，全部机组正式并网发电。该风电场由34台3兆瓦风电机组组成，总装机容量10.2万千瓦，设计年发电利用小时数2600，年上网电量2.67亿千瓦时，项目基本建设总投资23.65亿元，海上运输和安装技术完全自主研发并由国内企业完成。

其中，第一次采用自主研发的3兆瓦离岸型机组，使我国大功率风电机组装备制造业跻身世界先进行列；第一次采用海上风机整体吊装工艺，大大缩短了施工周期；在世界上第一次使用高桩承台基础设计，有效解决了技术难题，这个工程"乘风而上"，在我国风电建设史上创造了很多个"第一"。全部机组并网发电后，东海大桥风电场发出的电能可供20余万户上海居民使用，相当于每年可以节约8.6万吨标准煤，减少二氧化碳排放23.74万吨。

海上风电场的种类

（1）陆上风电场：指在陆地和沿海多年平均大潮高潮线以上的潮上带地区开发建设的风电场，包括在有固定居民的海岛上开发建设的风电场。

（2）潮间带和潮下带滩涂风电场：指在沿海多年平均大潮高潮线以下至理论最低潮位以下5米水深内的海域开发建设的风电场。

（3）近海风电场：指在理论最低潮位以下5～50米水深的海域开发建设的风电场，包括在相应开发海域内无固定居民的海岛和海礁上开发建设的风电场。

（4）深海风电场：指在大于理论最低潮位以下50米水深的海域开发建设的风电场，包括在相应开发海域内无固定居民的海岛和海礁上开发建设的风电场。

东海化学资源

　　东海的化学资源丰富，海水平均盐度比渤海、黄海都高，沿岸有相当规模的盐业生产。盐是天地盈盈的灵气，是日月酿造的精华，是五味之首，是美肴之将，也是重要的经济资源。台湾布袋盐场、北门盐田，浙江庵东盐场和慈溪盐场，福建莆田盐场等都是东海重要的盐产地。

🔵 布袋盐场

台湾盐场

从大肚溪以南的鹿港到高雄附近的乌树林，连绵分布着一系列盐场，总面积达4000多公顷，其中以布袋、七股、北门、台南、高雄5大盐田最为著名。

布袋盐场是我国台湾省最大的盐场，位于台湾岛西南沿海嘉义县布袋镇附近，被人们誉为"东南盐仓"，所产之盐色泽纯白，品质上等。布袋盐场地势缓斜，海滩平整，而且下半年干燥少雨，两三个月滴雨不下是常有的事，阳光从不吝啬，再加上季风强劲，为晒制海盐创造了得天独厚的条件，是我国台湾晒制海盐的理想岸段。

布袋盐场盐田面积虽不及北门盐田，年产量却大大超过北门。这里海水的盐度高达35以上，是长江口外的7倍多，是我国盐度最高的水域之一。布袋一带海水的盐度之所以很高，主要是因为附近沙滩广布，河流注入淡水量少，全年日照时间长，气温高，蒸发快。布袋附近海岸，因有上述优越条件，每年能生产60多万吨食盐。

浙江盐场

浙江第一产盐大县当属岱山，从南宋以来一直以渔盐之利富甲一方，而"岱盐"也名扬全国，从宋朝起便被列为贡盐。时至今日，岱山仍有盐田3.5万余亩。从盐田的规模来说，还是数岱西盐场与双峰盐场最大。高亭镇盐场是岱山县的重点盐场之一，盐质特佳，优一级品率高，平均氯化纳含量91.24%，平均白度58.57%，平均粒度91.41%，具有色白粒细、溶解快的特点。

⬆ 岱山盐场

　　慈溪盐场是浙江省另一个重要的海盐生产区，它的盐业生产历史已有1300余年。慈溪海盐产量长期位居全浙之冠，主要产地庵东素有"浙江盐都"之美誉。它位于杭州湾南岸，始于唐代，至宋代已具一定规模。宋庆历七年（1047年），慈溪沿海人民修筑了第一条拦海大坝即大古塘，盐场移至大古塘以北。据有关史料记载，宋代慈溪自东至西已建有龙头、鸣鹤、石堰三盐场，其中鸣鹤、石堰两盐场的产盐量占钱塘江口南岸7个主要盐场产量的64%，其重要性可见一斑。在盐的质量方面，这两盐场所产的盐都是名列榜首。《宋史·食货志下四》中说："石堰以东近海水咸，故虽用竹盘面盐色尤白。"以后，随着钱塘江口的移动和杭州湾海岸的淤涨，许多盐场先后废止。13世纪后，三北半岛的北淤速度加快，鸣鹤、石堰两个盐场的实际作业区也不断向北推移，最后形成了庵东盐场。

　　慈溪盐场的制盐方法经历了煎熬、板晒、滩晒三个阶段。宋代至清咸丰年间全部采用刮土淋卤火力煎盐的制法。咸丰二年（1852年），板晒制盐法兴起，煎熬制盐的产量渐减。盐板是晒盐的主要器具，以杉木制成，以便贮卤，板面平滑，合缝之处嵌以油灰，以防止渗漏。1938年，庵东盐场的盐板数量高达67万块，原盐年产量10万吨以上，占浙江省原盐总产量的40%，全浙第一大盐场的地位正式确立起来。盐板晒盐虽然比原始的煮盐法前进了一大步，但盐业工厂的工人劳动强度仍很大。新中国成立后，制盐技术不断改进和提高。1953年，庵东盐场的部分产区开始滩晒试验，建立了两处滩晒试验场。进入20世纪60年代后，滩晒制盐开始推广，盐民从繁重的体力劳动中解放出来。到1967年，庵东盐场夺得原盐高产丰收，年产盐23万吨，为该盐场的历史最高年产量。

　　庵东盐场出产的盐不仅供应浙江省，还供应上海、皖南、赣东等地，"浙江盐都"口口相传，美名远播。可惜的是，近年来，由于海水盐度降低等原因，庵东盐场的部分盐田开始废盐改农或挖塘养鱼，原盐产量逐年减少。

⬆ 岱山盐场

福建盐场

福建是濒东海省份中的另一个产盐大户，莆田盐场、惠安盐场、龙溪盐场等都在福建，其中莆田盐场产盐历史悠久。根据历史记载，莆田盐场从元代开始就置场产盐，已经有700多年的盐业生产史了。1958年9月，经莆田县人民政府批准，海星、胜利、火光、辉煌、铁峰5个盐

业生产高级社合并，成立地方国营莆田盐场。1990年，莆田盐场拥有盐田生产面积12.43万亩，产盐6.26万吨，主要盐产品有工业盐、精盐、洗涤盐；盐化产品有氯化钾、溴素、氯化镁等。

惠安埯边盐场位于泉州湾东隅，制盐也有不少年头。宋太平兴国六年（981年），惠安设盐亭129所，分布于埯边盐场一带。明嘉靖年间，埯边盐场设盐课司，属盐运使管辖。清乾隆元年（1736年），开始围海建坎滩晒原盐。到1990年，埯边盐场每年产盐17732吨，主要盐产品为细白盐、精盐。

东海渔业资源

　　中国海洋捕捞量的"超级大户"是东海，这里的14个渔场中有千万种生物在繁衍生息。东海以其鱼种多、产量高、品质优，荣登"四海之冠"宝座。与此同时，这片海域海岛星罗，礁屿棋布，海岸曲折，还有许多优良港湾，所以东海拥有发展水产养殖业的优越条件，是我国最大的海洋渔业区。无论是捕捞还是养殖，东海都是中国渔业发展的一片宝地。

东海捕捞

　　自南向北，南海、东海、黄海、渤海傍依在中国大陆的东方，如果要算一算到底哪里的海洋捕捞量最大，那么东海当仁不让。14个渔场依次列席，东海的捕捞量几乎历年都占全国的50%，盐度、水温、海流得天独厚，让鱼种多、产量高、品质优的东海渔场成为响当当的四海之首。

14个渔场与千万生物

要当之无愧地坐上捕捞量之首的宝座，一定要有自己的大渔场作保障。14个够不够？16万平方千米的"地盘"够不够？——长江口渔场、江外渔场、舟山渔场、舟外渔场、鱼山渔场、鱼外渔场、温台渔场、温外渔场、闽东渔场、闽外渔场、闽中渔场、闽南渔场、台北渔场、台东渔场就是东海捕捞的"宝地"，其中又以舟山渔场渔业资源最丰富。有了大渔场的保障，东海的捕获量就一跃而上。以2000年为例，我国海洋捕捞总产量为1477.45万吨，其中在东海的捕捞产量占37.24%，居第一位；南海占23.78%，黄海占23.37%，分别居第二位和第三位。

东海捕捞

我国台湾的近海渔业

我国台湾的近海渔业主要采用50吨级以下的动力渔船进行生产，作业区域较近，主要包括中小型拖网、金枪鱼延绳钓、刺网、流网等捕捞方式，其中中小型拖网是最重要的作业方式。在台湾沿海和河流入海口一带，使用舢舨、渔筏等进行沿岸渔业的作业，主要有刺网、定置网、延绳钓与地曳网等捕捞方式，捕捞的种类主要有旗鱼、虾类与鲷类等。

大渔场的形成，得益于东海优越的自然环境。东海沿岸有长江口、杭州湾、象山港、乐清湾和泥州湾等大海湾，还拥有台湾岛、舟山群岛和平潭岛等大小岛屿4600多个，约占全国岛屿的2/3，因而也是沿海海流最发育的海区。你也许会问，海流较多，对东海的渔业资源会产生什么样的影响呢？东海海流由沿岸流和黑潮暖流两大流系组成，沿岸流具有低盐（冬季兼有低温）的特性。黑潮暖流具有高温、高盐的特性，在台湾北部海域和济州岛南部海域分出台湾暖流和黄海暖流，这两支暖流与沿岸流及从黄海南下的冷水团相交汇，一冷一热正是大渔场形成的秘密，全世界大部分渔场都是寒暖流交汇形成的。

东海北部夏季水温升高，盐度降低，适合鱼类集群。台湾暖流流经东海大陆架西部，暖流前锋可达舟山外海，并在此与东海沿岸海水构成明显的锋面，这是舟山渔场渔业资源丰富的重要环境条件之一。东海水温较高，又有长江、钱塘江、闽江等江河流入，营养物质丰富，初级生产力比较高。东海的鱼类习性也不一样，南部海区以暖水性的品种占优势，北部海区以暖温性的比例较高，全海区的鱼类以暖水性种类为主。

有了这么充分的形成渔场的优越条件，东海就成了又一个海洋生物的"聚居天地"。根据科学家们的调查，东海共有约700种鱼、440多种虾蟹和70多种头足类，其中经济价值较高

舟山渔场

⬆ 大黄鱼

⬆ 小黄鱼

的有40~50种，包括鲳鱼、蓝点马鲛、鳗鱼等中上层鱼类和带鱼、小黄鱼、大黄鱼、绿鳍马面鲀、黄鳍马面鲀、海鳗等底层及近底层鱼类，以及葛氏长臂虾、哈氏仿对虾、中华管鞭虾、鹰爪虾、日本对虾、三疣梭子蟹、细点圆趾蟹等虾蟹类。

舟山渔场

舟山渔歌《天外天》喊："天外天，海外海，山外山，湾外湾；风夹风，雨夹雨，浪里浪，礁底礁。大戢、小戢浪顶大，青滨、庙子湖海蜒多。要眛大鱼到远洋，要享清福屋里坐。"

舟山渔场是我国最大的近海渔场，这里水质肥沃、饵料丰富、水温条件优越，是多种海洋生物繁殖、生长的良好区域。它曾经是我国渔业资源最丰富、生产力最高的渔场之一，如今它也是东海渔业资源种类组成与资源量最丰富的海域。全年出现在该海域的鱼类种类较多，共有139种，其中一年四季均有出现的为28种。

全国著名的"东海四大海产"——大黄鱼、小黄鱼、带鱼、乌贼是舟山海洋渔业的骄傲。"清明叫，谷雨跳"；"花鸟东北首，去捕总归有"。每年5月初，大黄鱼产卵群体就浩浩荡荡地进入岱衢洋，岱衢洋大黄鱼鱼汛是浙江大黄鱼产量最高的鱼汛。1967年，大黄鱼的产量曾经达到5.5万吨。小黄鱼汛期是舟山渔场最大的汛期，在春分到清明这半个月里，木帆大对船作业一般单位生产量可以达到15吨左右。带鱼，不仅是舟山渔场，也是浙江省乃至全国的第一大鱼产品。1974年，全国带鱼产量创纪录，达57.73万吨。同年，嵊山渔场冬汛的产量就达25.63万吨。嵊山的带鱼汛自立冬至大寒，以冬至前后最旺，渔谚云："小雪小捕，大雪大捕，冬至前后捕旺风。"舟山渔场乌贼的产量也占全国之首，20世纪60年代，舟山渔场的年平均产量为2.3万吨，占浙江省平均年产量4.3万吨的53.49%。

舟山的"蓝色种子"在久远的历史中便已种下。早在公元前10000~前4000年，舟山几个岛上，就已有人类在此定居。那时的生产只是为了满足生存需求，富饶的渔场还处于原始

↑ 带鱼

↑ 乌贼

状态，涂面礁边，贝藻丛生，鱼跃虾腾，俯拾皆是。2500余年前，吴王阖闾与夷人战于海，捕捉大黄鱼充当军粮，并把多余的制成鲞，为舟山渔业史中的海洋捕捞和水产加工，写下了最初的一章。宋宝庆《四明志》记载了大黄鱼的捕捞："石首鱼。三四月，业海人每以潮汛竞往采之，曰洋山鱼，舟人连七郡出洋取之，多至百万艘。"元大德二年（1298年）编修的《昌国州图志·物产》记述有鱼和其他水产资源56种，如大黄鱼、小黄鱼、带鱼、乌贼、鲳鱼、鳗鱼等。到了明代和清代，舟山渔民，以及外来渔民创造了适合本地区捕捞的各种渔具和渔法，捕捞水域从沿岸浅海逐步扩大到近海，甚至外海，形成了较为完备的捕捞作业体系。在作业方式方面，有大对作业、延绳钓作业、大捕作业、流网作业等；对海洋水产资源的分布、海流、潮汐、底质、水深、暗礁位置、气象规律、鱼类习性等都有了进一步的认识。清末，在张謇的促成下，官商合办"江浙渔业公所"打造的"福海"号渔轮，在舟山渔场的马鞍列岛渔猎，拉开了现代捕捞业的序幕。抗日战争前，舟山有各种鱼行商栈、加工厂350多家，冰鲜运输船360多艘，鱼商、鱼贩遍及海岛，从业人员5000多名。

到了20世纪90年代初，舟山渔民开始开发外海，发展远洋，开展外海拖虾、深水流网（围网）、流动张网、鱿鱼钓、蟹笼、疏目拖网、单拖等新的作业方式，及时恢复灯围生产，开发利用虾类、鲷科鱼类、鱿鱼及底栖性鱼类等等。经过几年努力，舟山成为全国最大的远洋渔业基地。2007年，全市远洋渔船已发展到185艘，产量16.3万吨，产值10.3亿元；其中地方群众远洋渔船达168艘，产量13.5万吨，占全国远洋渔业产量的13%、占浙江省产量的80%以上。

可持续发展

东海的捕捞量曾经称雄全国，但是如今"大黄鱼难觅踪影，乌贼变得罕见，带鱼像筷子，鲳鱼像扣子，小黄鱼像匙子。"我国东海渔场已经到了渔业资源濒于枯竭的境地。东海渔场捕捞强度的增长速度已大大超过了海洋生物的再生能力，更严重的是，海洋食物链正遭受着严重的破坏，在短期内难以恢复。

确实，由于捕捞强度的逐年增大，渔获量的不断增长，加上不重视生态环境的保护，许多优质资源受到严重影响，酷渔滥捕等问题十分严重，"渔业荒漠化"不再是吓唬人的"危言耸听"。20世纪50年代，优质的大黄鱼、小黄鱼占总捕捞量的30%以上，80年代以来已不足5%。与此同时，一些小型低质鱼的比例则大幅度上升。带鱼的产量一直比较稳定，但是，鱼体长度越来越小，优质大带鱼越来越少，这反映了东海的渔业资源在过度捕捞后已经严重衰退。一份来自浙江省海洋水产研究所的调查就显示，2011年5~12月份，东海带鱼半数处于饥饿状态。

海洋渔业资源是可再生的天然生物资源，可以通过比较迅速的生长繁殖来补充，但是这绝不意味着它们是取之不尽、用之不竭的。当海洋生态系统食物链遭到破坏，东海丰饶的渔业资源便岌岌可危。当人们开发利用这些资源的时候，"可持续发展"是最应该铭记于心的，不能到资源枯竭、鱼类灭绝的那天，才知悔恨。

🔶 休渔期

跳出近海，跨入大洋

2000多年前，孔夫子说："道不行，乘桴浮于海。"600多年前，郑和下西洋奔赴远洋，给中国和世界带来了惊喜。虽然明清长达400多年闭关禁海，让中国开拓外海、发展远洋的夙愿难成，但是如今，农业文明终于更加开放，开始向海洋走去，甚至向着远洋走去。

肇始与延展

从1985年以来，中国远洋捕捞业走过了20多年的发展历程，从未止步，已经成为世界重要的远洋渔业大国之一。20世纪80年代后期以来，世界上从事远洋渔业的国家和地区有30多个，但年产量超过10万吨的国家和地区只有10多个，包括中国大陆、日本、韩国、俄罗斯、中国台湾省、美国、西班牙、波兰、法国等。20世纪80年代以来，一些国家的远洋渔业发展

远洋渔业的发展

中国远洋渔业的发展过程中，我们至少克服与战胜了"四个难关"：一难是远涉重洋，寻找到合适的渔场；二难是遵循通行的国际规则捕到鱼；三难是捕捞的鱼卖给谁；四难是适应异国他乡艰苦的生产条件和生活环境。

舟山金枪鱼远洋捕捞船队

呈现出萎缩状态，尤其苏联解体之后，在一定范围退出远洋渔业。日本和韩国的远洋渔业由于内外部原因也从一些地区退出，这些为我国进一步发展远洋渔业提供了机遇。现在，我国大约有90家远洋渔业企业、1700多艘远洋渔船在40个国家的专属经济区及大西洋、印度洋、太平洋公海从事远洋渔业生产，年产量在100万吨以上。

从近海跨入远洋，是必然要走的道路。除了南海外海，我国近海及毗邻海域渔业资源可捕量在400万～500万吨，如此多的资源量也耐不住沿海30多万艘渔船全部下海捕捞，全国渔业捕捞产量在20世纪90年代中期就突破了1000万吨。如此大的捕捞量步步紧逼近海捕捞的极限值，近海渔业资源早已遭到破坏，主要经济鱼类资源衰退。在这种情况下，把近海过剩的生产能力转移到公海渔区等，既可以发展远洋捕捞充分利用国际资源，又可以保护近海渔业资源使之恢复，两全其美，成双赢之势。在数字上，远洋捕捞业有上佳表现，据不完全统计，2001年，全国远洋渔业的总产量已突破100万吨，占海洋捕捞总产量的近10%。2005年，全国远洋渔业的总产量为122.4万吨，占海洋捕捞总产量的近12%。

到远洋去！

公海资源是我们的正当的海洋权益，但是只有参与公海渔业活动，我们才有进入公海进行资源开发的"门票"。国际渔业组织召开有主权的国家参与的高层会议在分配捕捞配额时，首先开展资源评价，制定海域的持续捕捞量建议，然后为各成员国船队确定捕捞配额，并通过建立船籍国、鱼货上岸国和进口国的多边管理机制，对每艘渔船进行监控，对超出配额部分限制销售。而捕捞配额的确定，正是以各国历史产量为依据。所以，如果我们不主动出击，便只能看别的国家占据公海这一广阔的资源库。

21世纪是海洋世纪，陆地人口爆炸，资源生成跟不上消耗，越来越多的国家把占地球71%的海洋视为人类的第二生存空间。中国也不例外，党的十七届三中全会明确提出要扶持和壮大远洋渔业。国家把远洋渔业作为战略性产业，并出台了造船、免税柴油、鱼货运回补贴等相关扶持政策。

为什么国家会如此重视远洋渔业发展，并在战略层面将它推上蓝图？当今世界，开放型、创汇型的远洋渔业科技含量高、经济效益好，已经成为一个国家渔业发展水平的重要标志，发展远洋渔业对于保障国家食物安全、缓解近海渔业资源萎缩、带动渔区经济社会发展和渔民致富、丰富国内水产品供应、促进对外经济技术合作、维护我国海洋渔业权益都具有重要意义。

20多年来，我国远洋渔业虽然走上了持续发展的快车道，但与世界发达渔业国家相比仍有较大差距，与我国建设现代远洋渔业的总体目标仍有不相适应之处，如渔船装备老化、科技投

 远洋捕捞

⬆ 金枪鱼捕捞　　　　　　　　　　⬆ 舟山远洋捕捞

入不足、管理能力薄弱，这些都让进一步发展面临一系列困难和挑战。与此同时，我国发展远洋渔业在国家重视、政策支持、竞争优势、资源状况、双边合作、市场需求等方面都具有一系列有利因素。总体来看，我国远洋渔业正处在一个重要的转型时期，产业内涵发生深刻变化，世界海洋渔业资源开发利益格局重组方兴未艾。未来几年我国远洋渔业发展机遇与挑战并存，但是机遇大于挑战，"十二五"期间仍然是我国远洋渔业发展的重要战略机遇期。

东海远洋渔业

在中国，东海的远洋渔业发展得最为亮眼，上海、浙江等都是发展远洋渔业的佼佼者。

上海水产集团是中国最大的远洋捕捞集团，是远洋渔业"重头戏"的表演者，并将继续投资拓展一批海外渔业基地，在中西太平洋地区形成产业发展的"第一岛链"；在西非开发中上层鱼类资源；在南美洲提升捕捞产品的附加值。遥望2015年，上海远洋渔业的捕捞规模有望达到30万～40万吨，并有一半以上的产量回国销售。大量优质深海水产品"回国"，又有冷库、冷链的支撑，可以实现季节性生产，全年均衡投放。

远洋渔业拼的不仅仅是船，如今还拼科技。上海水产集团总公司通过科教兴渔战略，增强科技投入，把科技创新作为发展远洋渔业的动力之源。公司和上海海洋大学共同组建了上海海洋水产科技联盟，为远洋渔业的可持续发展提供项目研发平台、决策咨询平台、专业信息平台和人才培训平台。通过远洋渔业资源探捕项目合作，提高后备渔场开发能力，发挥科技联盟创新优势。先后对东南太平洋竹荚鱼、北太平洋秋刀鱼等资源和中心渔场的形成机制和开发前景、对策等方面进行了深入有效的研究，成功开发出我国大型拖网捕捞竹荚鱼、大型鱿钓兼捕秋刀鱼的第二渔场，创建了公海远洋渔业新的经济增长点。

科技的背后更重要的是人的力量，远洋渔业要想向高端、高效发展，高级人力资源不可或缺。上海地区汇聚了上海海洋大学、中国水产科学研究院东海水产研究所、渔业机械研究所、上海水产研究所和渔船设计公司等单位，高级人力资源充足，在渔船机械、资源、捕捞和加工等领域取得了很多科研成果。

🔴 远洋捕捞

　　凭借上海吸聚高端人才的区位优势，上海水产集团总公司通过引进、培训、联盟等形式，集聚了高素质的人才资源。公司常年派驻海外的管理技术人员60人，船员1400人，其中船长、轮机长等高级职务船员200人，雇用外籍员工700多人。公司还计划在未来3年内培养50名独挡一面的远洋船长，50名精通远洋捕捞加工、贸易的专业人才，为远洋渔业的产业腾飞提供人力资源保障。

　　东海远洋渔业除了上海这一朵"蓝色之花"，还有浙江，尤其是舟山市。舟山是我国最大的海洋商品鱼基地，素有我国"渔都"的美称。如今，舟山正努力往中国前沿、世界一流的多功能有机融合的远洋渔业综合基地大步迈进。

　　要发展远洋渔业，出海哪能少了船，船是衡量一个城市远洋渔业发展水平的重要指标。如今，舟山有远洋渔船230余艘，随着大批在建渔船投产，估计将达到270艘左右，大洋性鱿钓渔船211艘，数量在全国的比例超过59%，配套运输渔船13艘，秋刀鱼渔船2艘。它们的足迹遍布太平洋、大西洋、印度洋，形成了以远洋鱿钓为重点、金枪鱼钓等作业为补充的大洋性远洋渔业发展格局。

　　有了充足的渔船作后盾，舟山市2008年远洋捕捞产量超过16万吨，产值近12亿元，分别占到全国的15%和浙江省的80%以上。其中鱿鱼产量占到全国的半壁江山，特别是北太平洋鱿钓产量达到全国的65%，地位举足轻重，是当前我国鱿钓生产最重要的一支生力军。近年来，在巩固、稳定北太平洋传统渔场的基础上，积极拓展西南大西洋、北太平洋中东部、东南太平洋公海和中西太平洋金枪鱼钓生产区域，投产规模正逐年扩大，作业结构日趋合理优化，有力地推进了我国大洋性远洋渔业的跨越式发展。

远洋渔业之果

远洋渔业不仅仅是本身的发展，更重要的是带动了水产品加工、渔船渔机制造、渔港建设等相关产业的快速发展。水产品加工比重大幅度提高，精深加工能力不断增强。水产品加工业由过去单一的以冷冻"原条鱼"为主，转向多元结构的深加工。仅中水公司一家在国内外就拥有20多座现代化加工厂，有40多条符合欧盟和美国商检标准的加工生产线，年加工能力达10万吨以上。

要发展远洋渔业就必须加强国际渔业合作，10多年来，我国先后与亚、非、南美洲等地区30多个国家发展平等互利、灵活多样的国际渔业合作，建立起互惠互利的合作格局。通过渔业合作，加强沟通，促进了外交关系的发展，使我国在国际上的影响日益扩大。

远洋捕捞

我国台湾的远洋渔业

我国台湾的远洋渔业始于20世纪60年代初期，经过数十年的发展取得了显著的成果，远洋渔船配备有先进的声呐、水平温度仪以及卫星遥感等先进装备。主要采用50吨级以上的动力渔船进行作业，在远海进行渔业生产，作业的范围包括太平洋中南部及印度洋、大西洋等海域以及水深100米以内的大陆架，通过鱿鱼钓、单船拖网、双船拖网、大型金枪鱼钓、大型围网等方式，进行金枪鱼、旗鱼、鱿鱼、秋刀鱼等的捕捞，其中鱿鱼、金枪鱼等的捕捞量最大。

东海养殖

你可知道？目前世界上供人类消费的水产品大约有4800万吨，45%来自水产养殖，当时间走到2030年时，世界人口也会增加20亿，所需要的水产品将增加到8500万吨。水产品如何满足人类的需求？当传统捕捞业的产量越来越少时，发展水产养殖便成了填补这块大缺口的唯一路径。

东海是我国最大的海洋渔业区，拥有发展水产养殖业的优越条件。这片海域海岛星罗，礁屿棋布，海岸曲折，还有许多优良港湾。长江、钱塘江、闽江、瓯江等大河奔流，带来丰富的有机质和矿物质。尤其是舟山及其北部地区，这里是长江和钱塘江的入海口，又处黄海沿岸流和台湾暖流的交汇地，给鱼、虾、蟹和浮游生物带来了大量有机物，带鱼、大黄鱼、

养殖网箱

乌贼、马面鲀、鲳鱼、小黄鱼、海蜇等都聚集在这里。虽然东海的养殖业规模不如黄海的大，但是从20世纪80年代以来，浙江和福建也出现了井喷式的发展势头，1995年养殖产量达到近百万吨，占全国海水养殖总产量的23％左右，主要品种有大黄鱼、石斑鱼、花鲈、暗纹东方鲀、毛蚶、缢蛏、牡蛎、紫贻贝、厚壳贻贝、翡翠贻贝、紫菜、海带、鳗鱼、鲳鱼、对虾等，其中海带和对虾养殖发展最快。

拿濒东海的4个城市来说，浙江省温州市海岸线长达355千米，岛屿436个，沿海滩涂养殖面积有6.5万公顷，养殖蛏、蚶、虾、蟹、蛤等。福建省莆田市，海岛岸线长262.9千米。盛产鳗鱼、对虾、梭子蟹等海产品，有湄洲湾、兴化湾、平海湾三大海湾。其中平海湾是半封闭淤积型海湾，沿岸普遍发育淤泥质浅滩，湾顶泥滩尤为宽广，湾内的滩涂养殖和海水养

浙江三门县海水养殖基地

殖已经成为莆田市农业发展的支柱产业。南日鲍的养殖颇具规模，海带、紫菜、龙须菜等藻类也成为福建省的重要养殖品种。福建泉州海岸线总长541千米，岛屿207个，有湄洲湾、泉州湾、深沪湾、围头湾四个港湾。可作业的海洋渔场面积5000多平方千米，可供开发利用面积118平方千米，主要水产生物500多种，主要经济鱼类近百种，盛产贝、藻200多种。全市水产养殖面积2.24万公顷，产量39.18万吨，浅海大型抗风浪网箱16组64口。肖厝小网箱养殖基地积极推行"协会+基地+农户"的经营模式，发展网箱养殖7100个，年产量1789吨，产值约3285万元，带动265家农户致富。"五一"垦区投资122万元，发展拦网生态养鱼73.33公顷，发展势头良好。金井对虾繁育养殖基地，虾池规模已达233.33公顷，高水位养虾5.33公顷，工厂化养虾7000平方米，对虾育苗20亿尾。围头湾贝类养殖基地养殖花蛤200公顷，产量7500吨；牡蛎养殖1066.67公顷。泉州湾海域和安溪县主要河道等地

⬆ 舟山养殖（南美白对虾）

↑ 三门县捕捞

放流双斑东方鲀和倒刺鲃15万尾；浅海牡蛎养殖19公顷、海带养殖48公顷。上海市在1996年时海水养殖面积就达到了743公顷，养殖对虾、锯缘青蟹、斑节对虾、刀额新对虾等品种，年产海水产品678吨。上海地区已经列为"全国十大对虾出口商品基地"之一。

2001年的海洋调查中，福建省的海水鱼类、贝类和藻类的养殖都排在全国第二位，产量占全国的24%。牡蛎的养殖在福建的海水养殖中占有很大份额，在福建沿海几乎所有的潮间带都可以看到养殖的牡蛎。鲻鱼也是一大经济鱼类，福州沿海自清代开始就利用池塘进行养殖。清道光年间的《罗源县志》就有"青头，色青。春取苗于港，蓄之于池"的记载。20世纪80年代中期，养殖鲻鱼多以海边围堤、港湾筑坝拦水或围垦区开闸纳海区自然苗蓄水养殖，一般不投饵料，直到收成。之后，池塘养鱼品种扩大到黑鲷、黄鳍鲷、乌塘鳢、弹涂鱼等。现在多采捕海区天然鱼苗，开展鱼、虾、贝、蟹等多品种混养，或利用虾塘单养海水鱼，通过人工投饵，提高商品鱼规格质量和单产。一般混养模式可亩产鱼150~200千克，对虾40~60千克，梭子蟹50~100千克或贝500~1000千克。1958年，福州琅岐云龙村就有渔民进行锯缘青蟹的人工养殖。1979年，福州市水产科学研究所在琅岐金砂村开展"红膏蟳"养殖试验示范，当年9月在400平方米的土池中投放幼蟳993只，投喂藤壶和部分低质贝类。翌年2月，共收成膏红肉饱的"红膏蟳"916只，收捕率达92.2%，总重337千克，平均体重0.37千克，获得良好的养殖示范效果。20世纪80年代初，开始在连江、罗源、长乐、福清等沿海推广养殖。1991年以后，由于虾病严重，部分虾塘逐步改为虾、蛏混养或单养蛏，养殖方式也由原先只养"红膏蛏"增加到养殖幼蛏和成蛏。1994年，全市养蛏5012亩，产量565吨。其中连江县养蛏面积3512亩，产蛏369吨，居全市首位。

福州自然海区仅有少量杂色鲍苗分布，1986年以后，福州市水产科学研究所先后引进日本黑鲍、大连皱纹盘鲍、台湾九孔鲍和采集本地杂色鲍分别在平潭、连江开展人工育苗试验，都获得了成功，并推广到福清、霞浦、莆田、同安以及浙江等地。1994年，仅福州地区鲍人工育苗面积就达3820平方米，育出鲍苗1175万粒。

浙江省很早就开展了对虾的养殖，1984年养殖面积有1.8万亩，产量1100吨左右，平均亩产在全国排第二位。3年以后，全省对虾养殖面积就达到了11.1万亩。海带为冷水性褐藻类，20世纪50年代中期南移浙江，现已成为重要的浅海养殖对象；紫菜是暖温性红藻，喜欢浪头，浙江海岛周围潮沟带岩礁上多有零星分布，是滩涂养殖最重要的经济海藻；羊栖菜是暖温性褐藻，喜欢生活在风浪较大、水质清澈的外海岛屿，有一定的资源量，已经成为近年重要的浅海养殖品种，发展势头迅猛，但是因为需要采集苗种，自然资源已经有遭到破坏的迹象；石花菜为暖温性的红藻，在浙江沿海较为常见，是制造高级琼脂的优质原料，已成为养殖对象。舌状蜈蚣藻也是暖温性红藻，可出口创汇，是制造卡拉胶的原料，在浙江沿海有一定的资源量。浒苔为暖温性绿藻，广泛分布于水质较清、风浪较小、盐度较低的港湾潮沟带砂石岩礁上，在象山港等港湾的资源量很大，可以百吨计。我国台湾大力发展海水养殖业，

⬇ 宁波市象山县西沪港大黄鱼养殖

养殖技术水平高，在石斑鱼等的养殖方面取得了显著的成绩，加上台湾海域地处亚热带，适合发展种苗培育，种苗产业的发展也很好。我国台湾的海洋渔业依养殖地域的不同可分为陆上养殖和海面养殖两种，海面养殖依养殖方式的不同又分为浅海养殖和网箱养殖两种。养殖的种类包括牡蛎、文蛤、九孔鲍、斑节对虾、真鲷、石斑鱼、军曹鱼等。

大黄鱼曾是东海海域海洋捕捞的"四大海产"之一，但是由于过度捕捞、环境污染等原因，如今大黄鱼已经很难形成东海鱼汛。保护大黄鱼资源，除了实行休渔制度、转变渔业发展方式、调整结构外，还有一个办法就是发展"海洋牧场"。如今，大黄鱼养殖技术渐趋成熟，2000年，福建省的大黄鱼养殖已经成为当地渔业的支柱产业之一，而浙江地区的大黄鱼网箱养殖规模也达到了3万箱，年产量6000吨。在浙东象山湾的大黄鱼人工养殖基地，绿白相间的网箱一排一排漂浮在蔚蓝的海面上，那里拥有300多万尾金黄的东海大黄鱼，大黄鱼资源的恢复又现生机。

缢蛏在浙江、福建具有悠久的养殖历史，是浙江、福建两省的主要养殖贝类之一，也是我国20世纪50年代的四大养殖贝类之一。20世纪70年代以来，缢蛏人工育苗技术以及池塘虾贝综合养殖模式的研究成功，更是促进了缢蛏养殖的快速发展，不仅使缢蛏的养殖区由浙江、福建逐渐向江苏、山东及广东等沿海地区延伸，缢蛏的品质也提高了一个层次，缢蛏的养殖面积和消费市场正在不断扩大，发展前景十分广阔。

水产养殖技术在不断发展，从20世纪50年代养滩涂贝类，到60年代发展海带和紫菜的人工养殖，再到70年代突破贻贝人工养殖关，80年代又开始了对虾和扇贝的养殖，如今，大黄鱼、小黄鱼、带鱼、乌贼、鲐鱼等的养殖都得到了快速发展，"海洋牧场"的建设如火如荼。

🔺 浙江台州三门县缢蛏养殖

考古藏典

东海

EAST CHINA SEA ARCHAEOLOGY

03

东海的航海秘密锁在海底，这些秘密或藏在沉睡于东海海底的沉船中，或留在"海上丝绸之路"途经的港口。这些秘密是打开中国古代青花瓷器外销及其相关重要历史研究的钥匙，它们可以带我们探秘"海上丝绸之路"，解开古代造船史、古代陶瓷史上的谜题。

东海考古今象

"碗礁一号""小白礁一号",多少商船满载着货物从东海的港口启程,又在东海海域沉没。而今,覆盖着水下泥土和微生物的沉船肋骨、成列的石板、裂开的船板和无数青花瓷器、丝绸、茶叶,都昭示着过往的繁荣。透过这些价值不菲的文物、光影斑驳的残船,我们似乎能遥见古代东海航道上百舸争流、帆影接海的热闹景象。

东海青蓝色的海底至少"藏"了2000余艘古代沉船。东海考古工作已经搜集了不少线索,从宁波港到上海长江口及江苏沿海一带,舟山、台州、宁波、石浦等地都发现有古代沉船的身影。随着近年来沉船的不断被发现,象山海域也被冠以"沉船群"的名号。

南海考古硕果累累,"南海Ⅰ"号的发掘更是唤起了人们对水下考古的热情。"东海一号"的发掘同样令人期待,国家博物馆也将水下考古的重点区域由南海移到东海,东海考古"箭在弦上",要把东海海底文物从海洋中打捞上来。

海底寻宝的大幕拉开,宁波附近自古繁忙的海上航道首先登场,它们是东海海底考古的重中之重。作为古代"海上丝绸之路"的始发地之一,宁波南接泉州、广州,北至连云港、渤海湾,东南通日本,东北向高丽,这里历来是中国与日本列岛、朝鲜半岛、东南亚等海上贸易最繁忙的航道。上千年来,有大量的商船因多种原因而沉没在这里,集聚成为巨大的海底宝藏。

宁波的水下考古常有收获,这并不是巧合,这与宁波海域的特点紧密相关。泥质海底是浙江东部沿海得天独厚的自然条件,有了淤积泥沙的长期庇护,水下文化遗存保存相对完整。比如,象山海域出水的一艘清代木制船,基本构造并未因年岁长久而残缺不堪。

宁波的象山海域是东海考古的重点地区。象山三面环海,有608个岛屿,800千米海岸线,古往今来都位于经贸活动的主航道上。频繁的船只往来与恶劣多变的海洋气候,成就了这里的沉船群。1995年,就在象山一个小岛上发现了古沉船。是砖瓦厂工人在海边滩涂上取土时发现了一艘元末明

⬆ 碗礁一号沉船上的出水文物

初的运输海船，发现时这艘船已经斜着船体静静地在海底躺了将近700年，但海船保存情况较好。当时这艘沉船上发现的文物有少量的瓷碗、碟、瓶、罐及筒瓦、木器和棕缆绳。瓷碗和碟都是龙泉窑产，这艘古船的研究价值是在宁波已发现的古船中最高的。这艘大型古船，出水后一与空气接触或经太阳一晒，水分蒸发就会造成木质开裂。因而，怎样对象山古船进行脱水性保护，就成了技术保护的关键。当时因保护技术、存放地点和经费等问题一时无法解决，为谨慎起见，在对古船进行了必要的技术处理后就回填了。

象山海域绝不仅有这一艘古沉船，在渔山列岛、三门湾、石浦港等海域，渔民就发现过很多古沉船，有的还在无意中打捞过大量宋、元、明时期的青瓷和生活物品。渔民往往会成为文物部门进行水下考古发掘的重要信息源。比如发现3艘与《象山交通志》记载基本吻合的沉船——"华轮怀远"号、"法轮长江"号、"华轮华阳"号，就是当地渔民向文物部门提供的线索。

象山海域发生的航船事故

《象山交通志——从录、杂记、交通运输事故纪实》曾明文记载，光绪九年（1883年）11月，"华轮怀远"号在北渔山岛附近失事，旅客、船员165人遇难。光绪十六年（1890年）5月，"德轮扬子号"在北渔山岛附近沉没。民国二十年（1931年）3月，"法轮长江"号在北渔山附近失事沉没，灯塔管理员收容幸存船员60人。同年4月，"华轮华阳"号在南渔山西北搁浅，英轮普瑞太那轮救起船员和旅客。

东海象山海域局部风光

❶ 东海象山海域渔山列岛局部风光

20多年前，有人曾在南渔山岛水深约20米的海域打捞过青瓦、瓶、碗、盘、碟等物品。据渔民介绍，位于北渔山北岙门口西北方位，发现一艘船体较大的轮船。沉船处水深有30~35米，水质清澈，能见度好。村里老人回忆说该船有100多年历史，很可能为"华轮怀远"号。

还有渔民向文物部门报告称，在北渔山大白礁西南方向发现一艘沉船，沉船装有日用百货，有七八十年的历史，曾有铁板、铜管和锡块等被打捞出水，这艘船可能为"法轮长江"号。

南渔山岛西湾嘴头北面发现一艘装有日用百货的沉船，有近百年的历史，疑为"华轮华阳"号。发现沉船的位置水深约百米，水质清澈，能见度好。有渔民曾在潜水时发现该船船体的一部分，船上有圆形铜片，上面刻有直径为25~35厘米的图案。

这些仅仅是东海沉船的"冰山一角"。国家博物馆水下考古专家在三门县和象山县境内的交界处——三门湾海域，又发现一艘明代商船残骸，并探测出多个水下文化遗存，证实这很可能是我国"海上丝绸之路"的必经地。从此处海底打捞上来了宋、元、明三个朝代的器物，其中一件明代紫砂壶被鉴定为国家二级文物，其余大多为国家三级文物。

再将目光投往福建平潭，2005年，在这里，60厘米高的将军罐，从近17米深的海底缓缓浮起，"碗礁一号"的文物"破水而出"。东海的福建平潭海域是中国古代的海上商贸要道，这片海域暗礁密布，水流情况复杂，自古以来不少船只在这里触礁沉没。它们中的大部分商船载有数量繁多、价值昂贵的古代瓷器。在这艘残长13.5米，宽3米的船上，共发现文物17000多件，成为东海水下考古的一大亮点。紧接着，2008年，浙江象山的"小白礁一号"也正式亮相，大块头"小白礁一号"沉船船体残长约20.35米、宽宽约7.85米，从青花瓷到梅园石，历史的面貌也因为它而逐渐清晰起来。同样是2008年，宁波水下考古队员在象山海域发现一艘清代木质商贸运输沉船，这是浙东海域首次发现的具有较高价值的水下古沉船。此外，宁波还陆续发现了和义路唐代龙舟、海运码头北宋沉船、和义路南宋沉船、象山涂茨明代沉船4艘古沉船。福建的沿海文物遗存调查工作中也发现海底沉船遗址70多处。

随着出水的文物和调查出的水下遗址越来越多，东海水下考古的分量也越来越重，2008年，宁波成为第二个国家水下考古基地。那么，第一个水下考古基地在哪里呢？你或许已经想到了，正是水下考古的排头兵南海沿岸城市广东阳江海陵岛。宁波之所以被国家博物馆青睐，是因为宁波是"海上丝绸之路"的起始港之一，水下文化遗存十分丰富。在国家水下文物普查工作重心向东海中北部海域转移的战略考量中，宁波的地位更是十分突出。更主要的是，宁波水下考古的实力不容小觑。宁波拥有水下考古潜水长1名（全国共6名），水下考古队员6名（约占全国的1/9）。除了在浙东沿海开展水下考古工作外，中国近年来重大的水下考古事件，比如西沙考古、"南海Ⅰ"号宋代沉船的发掘现场，几乎都有宁波水下考古队员的身影。宁波还经常派队员参加深潜培训。这样一来，要在东海沿岸成立水下考古基地，宁波自然当仁不让。

宁波水下考古基地是东海水下考古的"指挥所"，东海海域及周边内陆水域的考古研究工作都由它来负责，东海水下文物普查、宁波造船史、水下考古与外销瓷、海交史等专题研究，东海水下考古技术规范标准的制定等都在按部就班地展开。

除了宁波水下考古基地，舟山也是东海水下考古的一个"据点"。继广东阳江、山东青岛和浙江宁波后，舟山水下考古工作站正式挂牌成立。历史悠久、地理位置优越的舟山自古以来就是对外贸易的重要商埠和"海上丝绸之路"的重要通道，熙熙攘攘的东海海面活跃着海上贸易和海上交通。但是，台风、暴雨、海啸等自然灾害也常常光临，这就给舟山海域"送上"了丰厚的水下文化遗存，这些文化遗存对研究舟山航海史、海交史都具有重要的意义，也为舟山开展水下考古工作提供了宝贵的资料。

◈ "海上丝绸之路"中国港口世界文化遗产：宁波港

东海考古蓝图

　　一张特殊的浙东海域地图挂在宁波水下考古基地，37处可能会发现沉船的点在地图上被标示出来，其中14处属于宁波海域、23处属于舟山海域。以后的几年时间里，水下考古工作者就要"按图索骥"去探明每个疑似点。

　　这份"藏宝图"是东海考古的蓝图，也是水下考古队员们6个多月的心血，每一个圈的落实，都需要队员们去往现场细致调查，象山港、西沪港、大目洋、石浦港、三门湾北部和舟山群岛各濒海乡镇渔村及海岛、浙东沿海，所有这些可能遗留有沉船的地方都留下了水下考古队员们的足迹。不光如此，他们还访问了老渔民、潜水员和渔监、渔政、海警、海军、边防派出所人员等，又搜集查阅了地方志、航海志、海事档案、海外交通史、故事传说和民俗风情等。多方同证，才确定出最终的海底"藏宝图"。

　　在37处沉船可疑点中，证据最充分的3处成为"优选点"，将率先进行水下探测。

　　第一个优选点是离象山西泽码头不远的某礁附近海域。附近区域的很多渔民证实，他们陆续网捞到的出水器物达数百件之多，器物的样式和时代也惊人的

如何确定沉船可疑点？

　　一个沉船可疑点的确定离不开物证、人证等多方面的支撑。物证是指出水的实物，如瓷器、陶器以及船板、木构件等。人证是指当地老百姓口中流传有沉船的说法。此外，还要查看文献中是否有沉船事件记载，并观察环境，看是否位于古航道上或出海口附近，是否属海难事故高发地等。

一致。据悉这里以前是暗礁，随着海陆变迁如今露出海面成为明礁。同时又正处于古代进出象山港的主航道上。专家判断，这里沉没着古代商贸运输船的可能性很大。

第二个优选点位于象山县贤庠镇附近某海域。当地一位姓屠的渔民以前曾捞到过木船板，其他渔民也捞到过类似的木构件。这里风大浪急，据老人们说，沉船应该有四五只。专家判断，此处属于象山港出海口，同样是事故高发海面，极可能存在沉船。

第三个优选点在距离石浦港数十海里的某岛附近。20多年前，一位姓蔡的渔民在抛锚时发现了从海底带上来的青瓦、瓶、碗、盘、碟、盏等碎片。

在东海考古的"蓝图"上，除了按照"藏宝图"进行艰苦又充满挑战的水下考古，还有一项重要工作就是宁波"海上丝绸之路"申请世界文化遗产。2001年，宁波就开始了"海上丝绸之路"的申遗之路。在2001年的"海上丝绸之路"文化周上，与会专家确定了宁波是我国古代东部"海上丝绸之路"始发港的历史地位，并提出宁波、泉州、广州三城市联合申报"海上丝绸之路"中国港口世界文化遗产的建议。此后，宁波人便全面启动了"申遗"的各项基础性工作。2006年12月，宁波和泉州作为海路部分，成功进入"丝绸之路中国段""申

海上丝绸之路博物馆

遗"预备名录。2009年"海上丝绸之路"的申遗计划中又加入了新的成员，国家文物局将扬州、蓬莱也纳入"海上丝绸之路"的城市之中。

东海海域的宁波申请"海上丝绸之路"世界文化遗产是有底气的，这底气来源于120多处"海上丝绸之路"文化遗存：港口、城市、海防要塞等分布在宁波的近海和江河两岸，数量之多、分布之密集、内涵之丰富，均为古代港口城市所罕见。其中10项具有代表性的文化遗存，已被列入《中国世界文化遗产预备名录》。

一边是"申遗"工作不间断地展开，一边是宁波港口博物馆及东海水下考古基地的建设。它们与东海考古的成果相互辉映，建成之后，它将成为集展示、教育、收藏、旅游和学术研究于一体，体现国际性、专业化和文化内涵的国际领先的专题大型博物馆。而2008年成立的东海水下考古基地也将搬入"海螺"中，成为集研究、培训和展览功能于一体的基地，承担东海海域（含浙江内陆水域）水下考古工作和相关出水文物的保护、科研任务。

宁波

东海考古人

想象一下，到了一片"灰蒙蒙"的海底，不见光亮，泥沙浮起，这时你会是什么感觉？东海就是这样一片海域，这里水流缓慢，泥沙多，导致能见度很低，所以在进行水下考古时，安全系数并不高，这对东海考古人来说是个不小的挑战。

在海洋中考古，被考古队员形容为"钢丝绳上的舞蹈"，高风险，强劳动，同样一件珍宝，在海水里寻找和在陆地上寻找，难度高低可想而知。你看海面平静，其实海水之下并不平静，甚至蕴藏危险。一不小心，渔网和暗流就会成为危机"引爆点"，绑在身上的绳索一旦被冲走，那么危险就会突然来到你的身边。

浙江水下考古专业队员不过9人，宁波占了7人，其中4人还拥有能深潜至60~100米的潜水执照。我国水下考古队员，都拥有"国际三星级"潜水员证书，能在30米以内的水深工作。其中一些队员曾赴菲律宾培训，可以在60米水深内工作，这将我国水下考古的领域又深入了30米，在国际上属于较先进的水平。除此以外，由于中国沿海污染严重，能见度极低，通常只有半米左右，有些地方能见度甚至为零。与国外相比，中国水下考古队员具备在更为恶劣的环境中工作的能力。

水下考古专业队员每次下水都要穿一套厚厚的潜水服，戴面罩、脚蹼，这还不够，防身用的潜水刀也要配备，再加上身上的潜水表、气瓶等器材，总重量能达到70千克。在大海面前，人是非常脆弱的，没有抵抗压强的潜水服，那就无法生存。越往下，压强越大，一般每下降10米就会增加一个大气压。不要以为穿着潜水服就万无一失，潜到深处需要讲究技巧，每隔5米就要停下来，让体内的压力和外界平衡一下，如果急剧下潜，会对人的脏器产生致命的影响。100米是中国考古队员的极限，也已经达到世界级的深度，在这个深度，即使穿再厚的潜水服，

⬆ 潜水装备

水下考古队员的脏器也要面临海水强大的压强。而且，入水越深，惰性气体就会随着水下的压力进入血液中去，造成"潜水病"。这种病最后可能导致骨头坏死、脑血栓等病症。考古队员出水上岸后，除了要补充一定的热量和营养外，还必须到减压舱内把有害气体置换出来。

所以，要想当水下考古队员，身体绝对要达标，没有疾病和肺活量大是基础，最最基本的还是得会游泳，掌握水下活动的技巧，有了这些底子，才能放心潜水。

此外，在水下和在太空中一样有失重感，如果你不抓紧一样东西，就会随着海流漂走。

水下考古工作难，在东海进行水下考古工作更是难上加难。东海寻宝的头号大敌不是技术设备，不是人员水平，是泥沙。既面对长江口，又面对钱塘江口，两条大江里的水裹挟陆地上的泥沙冲向海洋，让浙江的近海时常黄汤一片。水中的能见度和陆地相比，原本就要低得多。能

🌀 水下考古

何为"水下考古"？

水下考古是调查、发掘水下埋藏的人类文化遗产的考古技术，是田野考古从陆上向水域的延伸。与田野考古一样，考古学家必须亲自到水下从事现场调查和发掘，不能像捞宝者那样仅雇职业潜水员在水下"工作"，这一点与一般考古学有相同的性质。另一方面，水下环境与陆上环境差异悬殊，所以它较一般的陆上考古技术而言，又有很多特殊的内容，有大量的专门技术。

见度太低，潜下水去，不光有宝贝看不清，还会对潜水员的生命造成威胁。除了泥沙，还有礁石。浙江海边少沙滩，多礁石，在这样的岸边，往往水更深。福建的海岸，考古往往在10多米深的水下进行，而浙江，一般要超过20米。而每多下潜10米，潜水员能在水中待的时间就要缩短一半以上，意味着打捞文物的时间和花费会成倍增加。

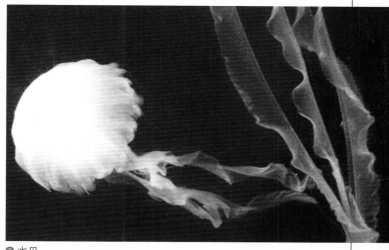

⬆ 水母

东海近岸海域，5米以下就基本一片漆黑，能见度基本为零，考古队员下水只能靠双手探摸。能见度如此低，一旦被水草等缠住，就得立刻拿出潜水刀割掉。小心再小心，突发状况还是会有的，比如有时无意中一摸，就可能碰到水母，被蛰就不可避免了。

一般情况下，下水作业都是两人一组，采用基线、探方形式发掘，水下每个探方都可作一坐标系，便于测量绘图。水下探方一般为2米×2米，一人负责发掘，一人负责记录和测量，相互之间用手势交流。翘起大拇指，是要向上；大拇指向下，是要往下。值得一提的是，水下测绘用的纸张非常特殊，是硫酸纸，透明，不防水，但也不会在水中烂掉。在这上面写完字后，上岸晾干，字就显现出来了。

东海考古如此艰难，先进的水下考古设备会助一臂之力。一般来说，在下水之前，都要将样子和鱼雷有点像的声呐探测器慢慢放进水里，它就像一个小精灵，在海洋中来回"游动"扫描，"嗅"寻宝藏，根据声波到达海底及反射回来的时间，确定海床情况。只要海底一有不平整情况，声呐会马上传给电脑，船上的考古工作者再对异常情况做进一步的考察。一个凹凸形状的东西，上面覆盖厚厚的泥沙，一般会引起注意。这时，考古工作者就会在海面上用浮标等做好标记，若水流、水温、风浪等一切适宜，才会让水下考古工作人员到海底进行探摸验证。要知道，并不是每时每刻都可以下水进行探摸的，最要紧的还是要等到潮流平稳。一般而言，每天有两个时段可以下水，高平潮和低平潮期间，因为这两个时段海水相对稳定。一旦下水，水下考古队员就需要带好两个"表"，一个是定位仪，用于帮助潜水员确认同伴的位置，以防发生意外。一个类似于GPS定位仪，找到东西后，就可以记录下坐标，以便再次探查。

沉船索骥

　　"碗礁一号"这艘装载了大量清代康熙时期景德镇外销瓷器的沉船，终于在2005年重见天日，船载的五彩杯、五彩盘、青花盘、葫芦瓶、青花杯、将军罐、青花罐、五彩罐、香炉等纷纷与今人相见。每一处沉船遗址都是我们复现历史的一扇门、一条线索，而顺着"小白礁一号"沉船遗址，我们可以去探索清代晚期的中外贸易史、海外交通史等，四五百件历史遗物就是最好的实物标本。

碗礁一号

　　2005年6月底，东海福建省平潭县屿头岛碗礁附近，20多艘大大小小的船只浮在水面，这可不是水下考古队员在发掘。听闻碗礁发现沉船遗址，盗宝分子一刻也没停留，马上雇了潜水员哄抢文物，幸亏国家考古队员迅速赶到，悲剧才没有发生。到底是一艘怎样的沉船吸引了各方目光？这处水下遗址到底有什么样的价值？

发现

　　"福州市平潭县发现一艘沉船，有大量瓷器出水，当地的渔民都在拿。"当这条短信出现在福建博物院考古研究所（现更名为福建博物院文物保护中心）所长栗建安的手机上时，他吃了一惊，凭着多年的经验，他立即和福州市文物局、平潭县博物馆等取得联系，展开水下调查。

　　2005年7月1日，福州市文物考古工作队队长林果赶赴现场，看到的景象让他和所有水下考古队员咋舌：近30艘渔船在现场海域，每艘船少说也有七八人，多的有20多人，都配备着潜水设备和潜水人员，几十艘船相互碰撞，都想获得更好的盗掘位置，不时还有潜水人员入水、出水，一片混乱。

🔸 出水瓷器

🔻 "碗礁一号"模型

沉船和文物

盗宝行为被依法制止后，"碗礁一号"的考古工作正式开始。

这是一艘怎样的船？从"碗礁一号"沉船遗址上发掘出来的大量瓷器来看，这艘船应该是一艘商船。在这艘船上，大批清代康熙时期景德镇生产的外销瓷器出水，其中瓷器多为青花罐、五彩罐、花斛、大盘等大型器物，还有直径超过40厘米的青花大盘。沉船遗址的东部船舱部分主要装载大型立体器物，以将军罐、青花罐、五彩罐、香炉等为主。以东四舱为例，该舱以装载青花罐和五彩罐为主，两或三层，罐与罐首尾相接。东七舱也是上下两层，上层是倒放的将军罐，抵在两块隔舱板之间，下层是青花罐或五彩罐。西部船舱主要载有碗、五彩杯、五彩盘、青花盘、葫芦瓶、青花杯等器物。西一舱以装载青花杯和五彩杯为主，高至5层，保持着装载时的原貌，杯与杯之间发现有充当保护性填充物的稻壳和麻制绳索残段。在西三、六、七舱内，发现有木桶，木桶直接放在船底，桶内装有瓷器，已知的有大盘、五彩杯、葫芦瓶等。在西六、七舱的底部发现不少充当压舱石的小型鹅卵石。由于在船下沉过程中，船体发生倾斜，大量文物散落在船体外侧。在船舷南侧发现有青花罐和将军罐，在船体中部南侧发现有大量的碗、盘、杯、碟，在船艉西南侧发现大量的碗、盘、碟、花瓶、罐、粉盒等，在船体北侧也发现少量盘、碗等。

"碗礁一号"沉船装载的货物中最大型的瓷器是将军罐，最小器物是精致的小瓷瓶。这类名贵的陈列瓷，烧制工艺都相当精良。瓷器大多数是青花瓷，还有部分五彩瓷。五彩瓷与高温烧成的青花瓷不同，由于五彩瓷上的彩绘是在低温下烧成，因此，经过海水的长期浸泡，彩绘部分已经退色，只有个别的还留下了一些当年的风采。青花瓷器的出现在中国陶瓷史上具有划时代的意义。它起始于唐代，到了清代康熙年间，景德镇青花瓷器的烧制达到了炉火纯青的地步，代表了中国制瓷工艺的历史高峰。经专家确认，"碗礁一号"上的青花瓷器为康熙中期景德镇烧制。

青花纹样和图案的题材丰富多样，包括了瓷器传统装饰纹样的大部分内容，有楼台（远山、近水、江景、楼阁、水榭、湖石等）、草木花卉（松、竹、梅、柳、菊、荷、兰、牡丹、石榴、卷草、折枝花等）、珍禽瑞兽（凤、鹤、雉、鸟、龙、狮、鹿、马、海兽、松鼠等）、陈设佛供（八卦、杂宝、博古、如意等）、人物故事（婴戏、蹴鞠、射猎、西厢、水浒、三国、竹林七贤、鹬蚌相争等）、吉祥文字（福、寿）等等。有一些器物的青花图案是具有异域风格的，如青花雏菊十六开光缠枝菊纹盘的图案，就是具有地中海风格的雏菊花卉。

⬆ 出水瓷器

装载如此众多瓷器的商船为什么会沉没呢？先从"碗礁"说起。给这里起名"碗礁"并不是说这片海域像一只大碗，这个名称其实是缘于300年前发生在这里的一场海难。从那时起，渔民们就在这里捞起过瓷碗，"碗礁"因此得名。每当退潮时，这一带的暗礁特别多，"碗礁一号"沉船极有可能是因为在东海海面遇到风暴，商船偏离航道，触礁发生沉船事故。

价值

在清代，可用"器行天下"来形容当时景德镇瓷器风行的程度。康熙年间，景德镇是外销瓷的主要产地，运输主要走海路，而福建的泉州、福州等地成为重要的出海口。"碗礁一号"沉没在闽江口以南海路航道上的"碗礁"附近，所走过的航线，是今天研究景德镇瓷器外销路线的重要

⊕ 出水瓷器

线索。沉船的沉没位置，表明"碗礁一号"很有可能是出闽江口入海的。"碗礁一号"沉船的瓷器可能是因袭了传统的景德镇陶瓷器外销路线。专家推测，"碗礁一号"应该是转口贸易，它的中转站有可能是厦门或广州，也有可能是欧洲人在远东的贸易中转基地——菲律宾的马尼拉和印度尼西亚的巴达维亚。"碗礁一号"所呈现的浓郁的中国传统文化韵味也反映了青花瓷器所扮演的文化传媒角色。

福建省平潭"碗礁一号"沉船遗址抢救性发掘工作，对推动水下文物普查工作的开展，对中国古代青花瓷器的外销及其相关重要历史的研究，如海上丝绸之路、古代造船史、古陶瓷史等有着重要意义。

"碗礁一号"沉船遗址之谜

在大量的出水瓷器中，有许多难解之谜。比如一件瓷器上，绘有骑马狩猎图案，从人物的发型上可以看出，骑马的男子为契丹人。这是首次在青花瓷器上出现契丹人物，但骑着一匹花马、手持一只"海东青"的女子却身穿汉族服装，难道她就是王昭君？在一个正面绘着梅花的小盘背面，用简体字写着"双龙"，这两个被深深烧入瓷器的文字是工匠的姓名还是装饰图案，为什么在清康熙年间会出现简体字？专家难以解释，只表示小盘是标准的清康熙中期青花瓷器。

"小白礁一号"沉船遗址

浙江省宁波市象山东南大约25海里的渔山海域，"小白礁一号"沉船备受瞩目。清代道光年间，这艘满载瓷器和宁波梅园石的商船从东海岸边起航，经过渔山岛附近的海域时，却触礁沉底，一沉就是近200年。

从2007年，南宋沉船"南海Ⅰ号"被整体起吊出水，到同年南宋沉船"华光礁一号"的初步发掘，再到2009年对南宋沉船"南澳一号"进行首次发掘，南海的沉船发掘一次又一次将水下考古带入人们的视野。而2005年清代沉船"碗礁一号"的抢救性发掘和2008年对"小白礁一号"的发掘工作，便是东海水下考古对南海的声声回应。

2008年10月到11月，中国国家博物馆水下考古研究中心与宁波市文物考古研究所合作，调集专业水下考古人员，组成工作队，开展水下考古工作，就是在这次调查过程中，"小白礁一号"正式亮相。

在很多人眼里，木质船体能在恶劣的水下环境中保存下来，简直就是奇迹。"小白礁一号"沉船埋藏于泥砂夹杂的海床之下，这片海床南高北低，表面是牡蛎壳夹沙堆积，像个椭圆的小丘，遗址散布范围长约23米、宽约11.2米。"小白礁一号"沉船也是个"大块头"，船的龙骨和肋骨都较为粗大，抗风浪的能力较强，是一艘规模中等的远洋商船。船体上层和船舷等高出海床表面的构件已不存在，但龙骨、肋骨、隔舱板、船底板等主要构件依然保存较好，如果想复原沉船，那也是可以实现的。

"小白礁一号"沉船遗址上有不少收获。它是为数不多没有被盗捞过的遗址之一。宁波特有石材——梅园石，成排成列地躺在遗址上，零星的罐、锡器、铜钱、青花碗、银币、印章、石材散布在"小白礁一号"沉船遗址上。

↑ 考古潜水员跳入小白礁海域

⬆ 出水古物

　　具体来说，前期调查采集出水文物共400多件，器类主要包括瓷器、陶器、铜器等，其中瓷器430件，另有"盛源合记"玉印、锡砚台、西班牙银币等珍贵文物。瓷器有碗、盘、杯、罐等，多为缠枝莲纹青花瓷，且器底以篆书"道光年制"款居多，少量"嘉庆年制"款；也有五彩瓷，但图案受海水腐蚀浸泡，有些模糊不清。陶器器形主要有罐、壶和砖。铜器主要为铜钱，共29枚，都为圆形方孔，以"乾隆通宝"、"嘉庆通宝"、"道光通宝"为多，也有日本的"宽永通宝"和越南的"景兴通宝"。

　　国家文物局已经在2011年4月正式发文批准象山"小白礁一号"沉船遗址水下考古发掘项目立项，根据发掘工作计划，2012年主要完成船载文物发掘与船体测绘、采样鉴定、保护方案编制等工作；2013年完成古船船体打捞发掘，考古发掘工作完成后，还计划向国家申报古船船体科技保护项目，在国家水下文化遗产保护宁波基地内边修复边展示。不久后，博物馆里就会立起修复的沉船，保存下丰富的资料，还有载着沉沉历史记忆的水下珍藏。

探秘"梅园石"

　　"梅园石"分布于宁波市鄞州区鄞江镇梅园山、锡山一带。岩石层属凝灰岩，结构致密坚硬，色调如晚秋的枫叶，紫红美观，是一种高档的建筑和雕饰石料。从宋朝开始，宁波去日本、韩国一带的商船常将它当作碇石或压舱石，既增强船的抗风浪性，又可将石材作为优质建筑或石雕原料出售。

港通天下

如果没有港口，就没有"海上丝绸之路"的繁荣。几百年前，东海的宁波港、泉州港等热闹非凡，每天都有大量的货物装船走海，商人们带着对财富的憧憬从这里启程，返航后在这里落脚。这让一个个东海港口成为"落地明珠"。

宁波：海上丝绸之路的东方始发港

在东海沿岸，有一颗古老的明珠，从前曾叫明州的宁波是中国海洋经济的大港之城、商贸之城，"海上丝绸之路"最初就是从这里开始的。从历史中走来，如今的宁波拥有国内第一家水下考古工作站，率先建立水下遗产保护基地，宁波象山"小白礁一号"的出水是一个缩影。透过它，我们看到了波澜壮阔中的"海上丝绸之路"，看到了中外商贸中的东方始发港——宁波。

宁波的海洋记忆

宁波和海洋的渊源比"海上丝绸之路"的历史更早。早在7000多年前，宁波先民就在河姆渡遗址上耕耘海洋文明。1973年，在余姚江这个古老渡口发现的木桨、独木舟残件、陶舟模型、鲸鲨等深海动物的遗骨就是宁波先民们从陆地迈入海洋的记忆载体。

1976年，鄞县云龙镇甲村石秃山出土了一件战国时期的羽人竞渡纹铜钺，这说明2000多年前的越人已经使用帆船航行。后来发现了刻有水波纹的原始青瓷，有专家认为这便是开拓"海上丝绸之路"的证据。

🌀 宁波商船

元鼎六年（公元前111年），汉武帝派横海将军率领部队"句章浮海"征东越王余善，当时从句章（也就是如今的宁波）到东越的水道已经打开。

唐长庆元年（821年），明州（宁波）迁治三江口，成为四大名港（另三个名港为广州、扬州、交州）之一。日本遣唐使先后四次从宁波登陆，其中最著名的是日本僧人最澄。他前往天台山求学，回日本时从宁波带了一批经书文物，在日本创建天台宗。同时，越窑青瓷也从这里通达世界各地。

宋元时期，明州（庆元）港成为我国三大国际贸易港之一，当时明州两次奉旨打造"神舟"号，造船技术居世界领先地位。

北宋淳化二年（991年）开设市舶司，明州成为中国通往日本、高丽的特定港，同时也始通东南亚诸国。当时还有一个故事，1167年日本僧重源来宋学习"天竺式"建筑，曾帮助建造明州阿育王舍利殿，回国后，还邀请明州著名建筑师陈和卿赴日，在1181年帮助日本重建"国宝"东大寺。

明代，宁波港是中日勘合贸易的唯一港口。清代，设在宁波的浙江海关是当时全国四大海关之一。

⬇ 河姆渡遗址

得天独厚的宁波港

宁波成为古代造船航海的发轫地，也是丝绸、瓷器、茶叶等外销商品的主要基地，能达到吞吐千万货物，港通八方天下，终年商贾云集，海舶交至，一定是有自己得天独厚的优势。

在浙东平原上的宁波拥有漫长的海岸线，大陆岸线有788千米，岛屿岸线有774千米，占浙江省海岸线的1/3，面临浩瀚的东海，连贯南北大运河，衔接江淮津京，岛屿星罗棋布，外环舟山群岛，向东伸入大海，是一个天然河口港，适于帆船避风系泊。

从宁波起航，向东、向北便可到达日本、朝鲜，向南经福建、广东便可行至东南亚、阿拉伯，宁波港还可以把来自日本、朝鲜的货物经过广州港、泉州港转运到南洋以及西洋各地，又可把泉州、广州贩运来的南洋和西洋商品转运到日本、朝鲜。在唐代，宁波已经与"广州南洋航线"相接，江海联运，开辟新航线。

"四明三千里，物产甲东南"

背靠大山，面朝大海，宁波挟山海之利。宁波不仅是交易别地物产的港口，更重要的是宁波这个城市本身就拥有强大的出口能力，丝绸、瓷器、茶叶让各国商人争相购买。

🔵 唐绫服饰

唐代时，宁波还把江苏等地的丝绸销往日本，被日本人叫成"唐绫"。日本学者藤原定家在《明月记》有记载："近年来，无论上下各色人等，均喜穿'唐绫'，于是命都城织工仿织'唐绫'。"而中国的丝绸出口到高句丽之后，高句丽又学习了中国织物技法和染色技术，促进了高句丽纺织业的发展。除了日本、高句丽，丝织品还运往了印度尼西亚、柬埔寨、越南、伊朗等国家。

"圆似月魂堕，轻如云魄起。"这说的是什么瓷器呢？——这就是白如羊脂、光洁如玉、釉色晶莹润澈、外观秀丽的越窑青瓷。早在魏晋时期，越窑青瓷就作为贡品传到日本、朝鲜等地了。唐代开始，瓷器的贸易更是开展得如火如荼，宁波成为始发港口，青瓷蜚声在外，甚至销往巴基斯坦、伊朗、伊拉克等国家。20世纪70年代在韩国新安海域发现的元代沉船遗物中，共打捞瓷器16100余件，绝大部分是浙江龙泉窑等地生产的青瓷。其中不乏精品，如枢府瓷器共计5100余件，约占总数的31.6%，此种瓷器是专为御用或官用而烧造的，胎体洁白，温润如玉。还有铭有"使司元帅府公用"字样的龙泉青瓷等。

　　日本有"茶道"，其实也是随着唐宋时期佛教东传之后逐渐兴起。南宋时，荣西写了一本名为"吃茶养生记"的书，将中国的饮茶习俗与方法介绍到日本，日本的茶文化逐渐盛行，饮茶之风兴起。而宁波又是茶叶输出的重地，明清时期，宁波茶叶源源不断往外输送。到了近代，通商口岸不断增多，外商纷纷来华采购茶叶，形成了汉口、上海、福州三大茶叶市场。其中汉口市场的砖茶多输往俄国；上海市场的江西、安徽红茶和绿茶多售往欧美各国，浙江绍兴茶叶输至美国，宁波茶叶输往日本；福州茶多输至美洲及南洋各群岛，茶叶成为中国大宗出口货物。

　　北宋时期的日本实行"锁国"政策，但中日民间贸易从未中断，有确切记载的就有70多次。从宁波输出绵、绫、瓷器、文具等，而从日本输入的则有水银、绢、刀剑、扇子、砂金等。南宋时期，从占城等输入的货物竟然达到78种之多。

　　有历史的沉淀，便会有如今的发现。宁波水下考古队员参与了几乎所有国内重大水下考古与水下文物调查项目。1998年，宁波市文物考古研究所与原中国历史博物馆合作，开展象山港水下考古调查与探测，开启了浙江沿海水下考古工作；"十一五"期间，再次与中国国家博物馆

宁波的城市特点

　　日本僧人雪舟等扬曾伫立宁波三江口，创作了《宁波府城图》。从中我们能看到宁波城市的总貌，东渡门、和义门、盐仓门高耸；城厢内，当时的标志性建筑天封塔、天宁寺双塔等历历在目。

合作，启动了浙江沿海水下文物普查工作，确认了7处沉船遗址、3处疑似沉船遗址和12处水下文物点，初步摸清了浙江沿海水下文化遗产的保存状况及其分布规律，为"十二五"浙江水下文化遗产保护工作的深入开展以及片区规划的制定奠定了良好的基础。

　　宁波是古代"海上丝绸之路"的活标本。研究宁波港的历史，我们就能将镜头拉到古代商贾云集的东方名港，看到它如何开展国际贸易，看到它如何成为文明交流的窗口，如何成为中国海洋文明的一部分。

泉州港：马可·波罗眼中的"东方第一大港"

　　泉州临东海，处闽东南，位于晋江入海口，不冻、不冷、不淤，避风，港域宽阔。从"刺桐城"到"涨海声中万国商"，是"海上丝绸之路"建构着泉州，同时泉州也赋予"海上丝绸之路"以更丰富的内涵。

泉州港的蔚蓝历史

　　几千年前的闽粤人便可以为泉州作证——这是一个拥有海洋性格的城市。石制工具、独木舟以及青铜器上的船纹饰都透露出它与传统农耕文明的不同。闽粤族也是个善于造船和航海的民族，古书里形容他们"以船作车，以桨当马"，驾着小船在水上航行时，就像一阵风飘去，快到你无法追赶。

　　南朝陈文帝（560~565年）时，印度僧人真谛"泛小舶至梁安郡，更装大舶，欲返西国"。梁安就是泉州，这是泉州有海舶可以出海西行的最早文字记载。

　　唐代时，福建南部人口增多，手工业兴盛起来，为海外贸易的发展准备了条件，另外唐中期的"安史之乱"导致陆上丝绸之路闭塞，中外贸易以海道为主。这一转变对泉州港等沿海港口的意义是重大的，大量外销瓷器、香药等进入海洋贸易领域，阿拉伯人、东南亚人、传教士等来到这个城市，出现了"船到城添外国人""市井十洲人"的盛景。

　　"有蕃舶之饶，杂货山积"，说的就是北宋前期的泉州贸易。这时进入了"泉州时代"，哲宗元祐二年（1087），泉州正式成立市舶司，管理海船出海贸易和征纳税收。这让泉州港的进出口贸易大幅增长，并且在南宋末年一举超过广州，成为全国最大的贸易港。1225年（南宋宝庆元年），泉州市舶司官员赵汝适曾写过一本著作叫作"诸蕃志"，在书中记录了泉州同海外58个国家和地区进行贸易往来的盛况。

泉州港局部海域风光

🔴 宋泉州市舶司遗址

元代，泉州港成了"涨海声中万国商"的东方第一大港，当时侨居泉州的外国旅行家、传教士、商人等数以万计。意大利旅行家马可·波罗在《马可·波罗游记》中赞叹道："我们到了一个很大很繁荣的刺桐港。所有印度的船都到这里，载着极为值钱的商品，有许多贵重的宝石和又大又美的珍珠。总的来说，在这个商业都市，奇珍异宝的贸易之盛，的确让人惊讶。如果有一艘载胡椒的船去埃及的亚历山大或地中海其他港口的话，必有一百来艘来到刺桐港。因为你要晓得，据商业额说起来，这是世界上两大港之一。"这时的泉州港同海外贸易往来已经发展到98个国家和地区了。

当郑和率领27000多人和200多艘舰船从泉州起航下西洋的时候，泉州港又一次被载入了史册。

"刺桐缎""泉州瓷"

鼎盛时期的泉州港简直是百国展览，根据《诸蕃志》等书，商品种类达到330多种。在这里，中国的丝织品、陶瓷、日用品、中药材、文化用品等大量出口。宋代，种桑养蚕受到政府的重视和鼓励，泉州丝织业迅速发展，与盛产丝绸的四川、江浙齐名，刺桐缎（又叫泉缎）受到极大欢迎，是中国皇帝馈赠外国君主的高级礼物。

不考古不知道，一考古吓一跳。泉州地区有南朝至明清时期的古代窑址近500处，其中德化窑、磁灶窑、同安窑、泉州窑、安溪窑等都鼎鼎有名。鼎盛时候的泉州港每天都要输出大量的碗、碟、瓮、壶、盒、炉、杯、军持、盏等，广受欢迎。磁灶窑生产的一种陶瓷非常奇特，这个瓮的上面有盘龙，所以又被称为龙瓮。它本来的用途是盛水或者装咸菜，但是传入东南亚后，身价陡增。在爪哇、文莱等地的部落里，龙瓮还会被当成神秘的圣物得到珍藏。在东南亚等地的考古发现中，总能挖掘出泉州瓷，可见中国瓷器在世界上的影响力有多大。

"刺桐城"的由来

唐代的泉州人喜欢栽种刺桐树，树上长刺，每当春夏之交，刺桐枝头突出一支支火焰似的红花。因此，泉州还有一个名字"刺桐城"。

⬆ 古刺桐港出土的宋代沉船

⬆ 龙瓮

水下考古

　　春天播下的种子，就要等秋天收获。当历史给了泉州机遇和财富，给了它喧闹和荣光的时候，也会让那些渴求利益的人冒些风险。不幸迎上未可预知的大风暴，死亡和沉船就成为不可避免的悲剧了。如今，在泉州港附近的水域发现了不少沉船遗址。

　　1974年，泉州港出水一艘有700多年历史的宋代古船，命名为"后渚沉船"。这艘古船是中国目前发现的年代最早、形体最大的木质海船，出水时残长24.2米，残宽9.15米，有13个水密隔舱，可载重200多吨，相当于唐代"陆上丝绸之路"700多头骆驼的驮运总量。船舱中残存2300千克香料、500多枚唐宋古钱、50多件宋瓷和其他珍贵文物，它代表了当时世界上最先进的造船技术水平。据推断，这艘船应该拥有约50名船员，船上带有供一年使用的粮食和烈酒。

　　1976年，法石沉船被发现，20世纪80年代才清理出这艘古船。四个舱位的古船船底基本完好，约23米长，装载能力120吨多，保存了南宋时期的小口高身瓶、灯盏、瓷碗等器具。据考证，这艘法石古船的尺寸比后渚沉船要小，但和哥伦布横渡大西洋发现新大陆所乘的船相当或者稍大些。船里发现的陶器包括磁灶窑出产的5个小口瓶，包括青瓷，景德镇的青白瓷和德化的白瓷。

　　泉州港是东海上又一枚明珠，它的光芒折射出海上丝绸之路的荣耀，那时的中国拥有朝气蓬勃的世界贸易，一度成为世界的焦点。几百年过去了，中国将重新涌起自己的蓝色浪潮，一潮一潮的涛声将再次让世界了解中国。

对我们来说，东海越来越像我们的土地，它不定形的白色波涛，就像田间的稻穗在软土上摇曳着。东海的馈赠如同大地的给予，中华民族的根不仅扎在大地上，也与东海紧紧相连。我们对东海，除了感恩，更要细心呵护。海在这里，人在这里，生命才能生生不息……

图书在版编目（CIP）数据

东海宝藏/李巍然主编. —青岛：中国海洋大学出版社，2013.6
（魅力中国海系列丛书/盖广生总主编）
ISBN 978-7-5670-0332-3

Ⅰ.①东… Ⅱ.①李… Ⅲ.①东海－概况 Ⅳ.①P722.6

中国版本图书馆CIP数据核字（2013）第127090号

东海宝藏

出 版 人	杨立敏
出版发行	中国海洋大学出版社有限公司
社　　址	青岛市香港东路23号
网　　址	http://www.ouc-press.com

策划编辑	邓志科 电话 0532-85901040	邮政编码	266071
责任编辑	邓志科 电话 0532-85901040	电子信箱	dengzhike@sohu.com
印　　制	青岛海蓝印刷有限责任公司	订购电话	0532-82032573（传真）
版　　次	2014年1月第1版	印　　次	2014年1月第1次印刷
成品尺寸	185mm×225mm	印　　张	9.75
字　　数	80千	定　　价	24.90元

发现印装质量问题，请致电0532-88785354，由印刷厂负责调换。